给排水科学与工程导论

牛晓君　张　荔　伍健东　宋小三　编著

科 学 出 版 社

北 京

内 容 简 介

　　本书以城市用水和城市排水为核心，从城市基础设施发展的目的出发，强调城市给水排水系统的重要性。全书系统地介绍了水资源与取水工程，水处理系统，给排水管网系统，城市给水和污水处理，建筑给排水系统、给排水常用设备、给排水工艺过程检测及控制、给排水工程施工及工程经济等给排水科学与工程基本内容。

　　本书可作为高等院校给排水科学与工程专业的教学用书，也可作为环境科学与工程专业的教学用书，以及其他相关专业的教学参考书，同时可供有关专业人员参考。

图书在版编目 (CIP) 数据

给排水科学与工程导论/牛晓君等编著.—北京：科学出版社，2020.6
ISBN 978-7-03-065330-7

Ⅰ.①给… Ⅱ.①牛… Ⅲ.①给排水系统–高等学校–教材
Ⅳ.①TU991

中国版本图书馆 CIP 数据核字(2020)第 091107 号

责任编辑：朱　丽　郭允允　郑欣虹／责任校对：何艳萍
责任印制：吴兆东／封面设计：蓝　正

科 学 出 版 社 出版
北京东黄城根北街 16 号
邮政编码：100717
http://www.sciencep.com
北京建宏印刷有限公司 印刷
科学出版社发行　　各地新华书店经销
＊
2020 年 6 月第 一 版　　开本：B5 (720×1000)
2023 年 4 月第五次印刷　　印张：13
字数：253 000
定价：**68.00 元**
(如有印装质量问题，我社负责调换)

作 者 简 介

牛晓君，现任华南理工大学教授、博士生导师。南京大学环境科学专业理学博士，SCI期刊 *Environmental Science & Technology*、*Water Research*、*Water Environment Research*、*Bioresource Technology*、*Water Science & Technology*、*Separation and Purification Technology*、*Journal of Hazardous Materials*、*Environmental Technology* 同行评审专家。

牛晓君教授长期从事水处理理论与资源化技术、污染物的环境行为及生态效应、环境规划与评价等技术研究与开发，先后承担国家自然科学基金、教育部博士点基金、教育部留学回国人员科研启动基金、广东省科技计划、广东省自然科学基金等 30 余项科研课题。在国内外核心刊物发表研究论文 100 余篇，获得国内授权发明专利 35 项，日本授权专利 8 项，实用新型专利 14 项，专著（合著）1 部。

前　　言

随着我国国民经济和城市建设的迅速发展，城市基础设施的作用与重要性日趋突出。水是人类的生命之源，与人们的生活息息相关，是城市生活与生产必不可少的物质，与社会环境保护及可持续发展紧密相连！城市给排水系统具有保证城市取水、净水、供水、用水、排水，以及水的处理与再生利用等功能，是城市重要的基础设施。

"给排水科学与工程概论"是给排水科学与工程专业教学大纲规定的专业必修课。《给排水科学与工程导论》在编写过程中借鉴了国内外同类教材的内容安排和资料，吸收了部分学校在"给排水科学与工程概论"教学中积累的经验和近年来国内外城市给排水工程的新技术，同时考虑了我国国情和城市给排水系统的特点，以及未来的城市发展及建设事业对给排水科学与工程的需求，注重以城市用水和城市排水为核心，从城市基础设施发展的目的出发，强调城市给排水系统的重要性。本书共分 11 章，主要包括绪论、水资源与取水工程概述、水处理系统概述、给排水管网系统概述、城市给水处理概述、城市污水处理概述、建筑给排水系统概述、给排水常用设备概述、给排水工艺过程检测及控制概述、给排水工程施工概述、给排水工程经济概述。

本书注重内容可读易懂，力求深入浅出，旨在让学生快速了解给排水科学与工程专业的基础内容，初步建立起给排水科学与工程的基本知识框架，为后续更深层次的专业课程学习打下良好的基础。为了扩大学生的视野，相关章节引入了计算实例和典型案例分析，以加深学生对教学内容的了解。

本书由华南理工大学牛晓君组织编写，广东石油化工学院张荔、华南理工大学伍健东、兰州交通大学宋小三参加编写。其中，第 1 章和第 4 章~第 6 章由牛晓君编写，第 2 章、第 3 章、第 11 章由张荔编写；第 7 章、第 8 章由伍健东编写，第 9 章、第 10 章由宋小三编写。在本书的编写过程中，华南理工大学闫志成、兰州交通大学马艳红、上海市公用事业学校闫彩云进行了修改和统稿，华南理工大学博士研究生安少荣和硕士研究生盛鸿、王杰、谢贵婷、高文、杨佳、刘炜、任广义、郑洋洋进行了资料收集及整理。同时，本书的编写还得到了很多同仁的关心和支持，在此一并表示感谢！

　　本书可作为高等学校给排水科学与工程专业、环境科学与工程专业的教学用书，以及其他相关专业的教学参考书，也可供有关专业人员参考。由于本书涉及多个学科的知识，内容比较广泛，加之编者水平有限，缺点和不足在所难免，欢迎读者批评指正。

编　者

2020 年 3 月

目　　录

前言
第1章　绪论···1
　1.1　给水工程概述···1
　　1.1.1　给水工程的发展史··1
　　1.1.2　给水工程的内涵··1
　1.2　排水工程概述···3
　　1.2.1　排水工程的发展史··3
　　1.2.2　排水工程的内涵··3
　　1.2.3　我国排水工程的建设进展···4
　1.3　水工业概述···5
　　1.3.1　水工业的产生和发展···5
　　1.3.2　水工业的组成···7
　　1.3.3　水工业的特点···8
　1.4　给排水科学与工程学科体系的组成和任务···9
　　1.4.1　给排水科学与工程学科体系的组成···9
　　1.4.2　给排水科学与工程学科体系的任务··13
　参考文献··13
第2章　水资源与取水工程概述···15
　2.1　水资源···15
　　2.1.1　地球上的水资源··15
　　2.1.2　水资源的类型··16
　　2.1.3　水资源的特点··17
　　2.1.4　非常规水资源··18
　　2.1.5　城市化对水资源的影响··19
　　2.1.6　我国水资源的概况··22
　　2.1.7　我国水资源的特性··23
　　2.2　取水工程···24

　　　2.2.1　取水水源选择 ··24

　　　2.2.2　地表水取水工程 ··25

　　　2.2.3　地下水取水工程 ··28

　　2.3　水资源的保护 ··33

　　　2.3.1　水资源保护的目的 ··33

　　　2.3.2　水资源保护的内容 ··34

　　2.4　水资源的管理 ··35

　　　2.4.1　水资源管理的原则 ··35

　　　2.4.2　水资源管理的内容 ··36

　　　2.4.3　水资源管理的措施 ··36

　　参考文献 ··37

　　阅读材料 ··38

第3章　水处理系统概述 ··43

　　3.1　给水处理系统 ··43

　　　3.1.1　过滤技术的发展历史 ··43

　　　3.1.2　常规快滤给水处理系统 ··44

　　　3.1.3　预处理和深度给水处理 ··45

　　　3.1.4　水中溶解性无机物的去除 ··45

　　　3.1.5　其他给水处理方法 ··46

　　3.2　污水处理系统 ··47

　　　3.2.1　污水处理技术的发展历史 ··47

　　　3.2.2　典型的城镇污水处理流程 ··48

　　　3.2.3　污水深度处理和回用 ··48

　　3.3　工业废水处理系统 ··49

　　　3.3.1　工业废水的分类和水质特点 ··49

　　　3.3.2　工业废水处理方法 ··50

　　　3.3.3　废水处理方法的选择 ··50

　　参考文献 ··51

第4章　给排水管网系统概述 ··52

　　4.1　给水管网 ··52

　　　4.1.1　给水管网的功能及系统组成 ··52

　　　4.1.2　给水管网的布置 ··53

4.2　排水管网··54
　4.2.1　排水管网的功能作用···54
　4.2.2　排水体制的类型···55
　4.2.3　排水管网系统的组成···56
　4.2.4　排水管网的布置形式···57
4.3　常用管材··58
　4.3.1　给水管材···58
　4.3.2　排水管材···61
4.4　海绵城市··62
　4.4.1　海绵城市的提出···62
　4.4.2　海绵城市的理念···63
　4.4.3　海绵城市的应用···63
参考文献···66
阅读材料···67
第5章　城市给水处理概述···74
5.1　给水常规处理··74
5.2　给水深度处理··78
5.3　微污染水源水处理··80
5.4　地下水源水处理··81
　5.4.1　主要处理技术···81
　5.4.2　主要处理工艺···84
参考文献···85
阅读材料···86
第6章　城市污水处理概述···90
6.1　城市污水的组成与性质··90
6.2　常规城市污水处理系统··94
　6.2.1　污水预处理系统···94
　6.2.2　污水生物处理系统···96
6.3　污水深度处理系统···103
参考文献··107
阅读材料··108
第7章　建筑给排水系统概述···119

7.1 建筑给水系统概述·····119
　7.1.1 建筑给水系统的分类·····119
　7.1.2 建筑给水系统的组成·····120
7.2 生活给水系统的给水方式·····121
　7.2.1 给水方式的设置原则·····121
　7.2.2 常见的给水方式·····122
　7.2.3 生活给水系统的水质保证·····125
7.3 消防给水系统·····128
　7.3.1 消火栓给水系统及布置·····128
　7.3.2 自动喷水灭火系统及布置·····129
7.4 热水供应系统·····130
　7.4.1 热水供应系统的分类及组成·····130
　7.4.2 辅助设施及设备·····134
7.5 建筑排水系统·····136
　7.5.1 系统的分类及组成·····136
　7.5.2 系统的布置与敷设·····137
　7.5.3 排水通气管系统·····138
7.6 建筑雨水排水系统·····139
7.7 中水系统·····141
参考文献·····144
阅读材料·····145

第8章　给排水常用设备概述·····147
8.1 设备的材料·····147
　8.1.1 金属材料·····148
　8.1.2 无机非金属材料·····149
　8.1.3 高分子材料·····151
　8.1.4 材料的腐蚀和防腐·····152
8.2 设备的分类·····154
　8.2.1 通用设备·····154
　8.2.2 专用设备·····157
　8.2.3 一体化设备·····162

参考文献 ··· 164
第 9 章　给排水工艺过程检测及控制概述 ································ 165
9.1　水质检测 ··· 165
9.2　工艺参数检测 ·· 168
9.3　工艺设备运行参数检测 ·· 169
9.4　工艺过程控制 ·· 170
9.4.1　人工控制 ·· 170
9.4.2　自动控制 ·· 171
9.5　给排水系统自动控制的发展 ··· 173
参考文献 ··· 174
第 10 章　给排水工程施工概述 ··· 175
10.1　构筑物的施工 ·· 175
10.2　市政管道施工 ·· 177
10.3　管道防腐与防震 ··· 178
10.4　建筑内部管道及设备安装施工 ··· 179
10.4.1　管道施工 ·· 179
10.4.2　其他设备附件安装 ·· 181
参考文献 ··· 182
第 11 章　给排水工程经济概述 ··· 183
11.1　工程经济概述 ·· 183
11.1.1　工程经济的内涵 ·· 183
11.1.2　工程建设项目概预算 ·· 183
11.1.3　工程建设项目的经济分析 ·· 186
11.2　水工程建设项目的设计程序 ·· 187
11.2.1　项目设计的主要内容 ·· 187
11.2.2　项目建设总投资 ·· 188
11.2.3　工程量清单计价基本知识 ·· 191
参考文献 ··· 192
阅读材料 ··· 193

第1章 绪 论

1.1 给水工程概述

1.1.1 给水工程的发展史

早在古代，我国劳动人民就为给水工程做出过杰出贡献。唐代徐坚《初学记》卷七有"伯益作井，亦云黄帝见万物，始穿井"；汉朝许慎《说文解字》中有"八家为井"。我国凿井取水自黄帝创始以来已有 4000～5000 年的历史，而且在两千多年前的秦代，就掌握了穿凿深井的技术，如蜀多盐井，取水煮盐井深达 300m以上。在净水工程方面我国首先采用明矾净水，明朝《天工开物》一书中详述了明矾的制法。在升水设备方面，我国古代创造有辘轳、筒车、桔槔，此外，还有流传至今的龙骨车和龙尾车等。

我国最早供水的城市是上海。1875 年，由四位洋商发起征募建成上海杨树浦水厂，水厂设有沉淀池、过滤池、水泵等，制出清水后用木船载水并分送至各储水池，再用水车送到用户家中。天津最早的自来水厂是 1897 年由英国商人在英租界建立的。1901 年大连建成官办自来水厂。1908 年 4 月，清政府成立了"京师自来水公司"，开始筹建京城第一座水厂——东直门水厂；1910 年 3 月水厂正式投入生产，日供水能力 1.87 万 m^3，供水管线 147km。后来，青岛、广州、南京、杭州、镇江等地相继建成自来水厂。1949 年前，全国建有 72 个自来水厂，日供水能力 240 万 m^3，供水管道 6589km，主要为达官显贵等服务。中华人民共和国成立后，随着国民经济建设的发展，我国给水事业得到了迅速发展，全国各个城市先后建立了自来水厂，供水普及率达 90%以上，解决了全国人民的用水问题，我国的给水工程取得了显著的成就[1]。

1.1.2 给水工程的内涵

给水工程是城镇建设的重要基础设施，是建设现代化城市的基本条件之一。给水工程的任务是向城镇居民、工矿企业和公共建筑等供应安全可靠的生活、生产、消防和生态环境用水，满足各用户对水质、水量和水压的要求。这看似简单的一句话，却是要经过水源选取、取水工程、给水处理、给水管网、建筑给水、建筑排水、排水管网、污水处理、水资源再生利用、水资源保护等一系列工程实施才能得以实现。

取水构筑物是为从水源地取集原水而设置的构筑物总称，用于从选定的水源和取水地点取水。水源的水文条件、地质条件、环境因素和施工条件等将直接影响取水工程的投资。取水构筑物有可能邻近水厂，也有可能远离水厂，需要独立进行运行管理。

给水处理是将取得的原水采用物理、化学和生物等方法进行经济有效的处理，改善水质，使其满足用户用水水质要求。给水处理构筑物是水厂的主体部分，由水厂保证供水水质的主要土建设施和相关设备组成。

输水管渠是将原水送到水厂的管渠，给水管网则是将处理后的水送到各个给水区的全部管道。泵站是指安装水泵机组和附属设施用以提升水的建筑物及配套设施的总称，其任务是将所需水量提升到一定的压力或高度，使其能满足给水处理构筑物和向用户供水的需要。

调节构筑物常用于储存和调节水量，如高位水池、水塔、清水池等，其中高位水池和水塔兼有保证水压的作用。泵站、输水管渠、管网和调节构筑物等总称为输配水系统，从给水系统整体来说，其是投资最大的子系统。

1. 水质

给水水质是给水工程的一个重要指标。不同用途的水有不同的水质要求。就生活饮用水而言，应能防止通过水传染的各种疾病，如霍乱、伤寒、痢疾等，同时还应注意防止由饮用水而造成的各种地方病，如克山病、甲状腺肿、龋齿病等，以保障人民身体健康，因此，需要去除水中的某些有害物质，使其符合生活饮用水水质标准。

2. 水量

为了满足用户在使用上的需要，生活用水管网必须保证一定的水压，通常称其为最小服务水头（从地面算起）。合适而充分的供水水压是给水工程必须满足的基本要求，这不仅对生活用水管网重要，而且对工矿企业的供水同样重要。工矿企业的生产工艺多种多样，随着工艺的改革、生产技术的不断发展等都会使生产用水的水量、水质、水压发生变化。因此，在设计工业企业的给水系统时，应参照以往的设计和同类型企业的运转经验，并通过实地调查，来确定所需要的水量、水质和水压。

1.2 排水工程概述

1.2.1 排水工程的发展史

历史记载和考古发掘证实，早在公元前 2500 年，埃及就已建有污水沟渠，古希腊的城市也建有石砌或砖砌的各种形式的管渠系统，古罗马在公元前 6 世纪建造了著名的"大沟渠"。19 世纪中叶以后，欧洲城市开始普遍建造近代排水系统。我国排水工程的建设历史悠久，早在战国时期就有用陶土管排出污水的工程设施，秦代已有排出雨水的管渠，唐代出现砖砌排水暗沟，北宋采用分区排水。陕西出土的秦代排水渠呈五角形，陶质（陶窦），管长 68cm，通高 46cm，宽 43cm，壁厚 7cm（将下水道制成五角形，比方形更能承受路面的重力）。古代一些富丽堂皇的皇城也都建有比较完整的明渠与暗渠相结合的渠道系统。例如，北京内城至今还保留着明清两代建造完好的矩形砖渠。相比古代，我国直到 20 世纪初才在个别城市开始建设比较完善的现代化排水系统，而且规模较小[2]。

1.2.2 排水工程的内涵

人们在生产和生活中产生的大量污水，如不加控制，任意直接排入水体（如江、河、湖、海、地下水等）或土壤，会使水体或土壤受到污染，并将破坏原有的生态环境，从而引起环境问题，甚至造成公害。因此，需要建立一套完善的工程设施，即排水工程来收集各类污水，并及时输送至适当地点，经妥善处理后再排入水体或回用[3]。作为国民经济的一个组成部分，排水工程在我国的经济建设中具有重要的作用。从环境方面讲，兴建完善的排水工程具有保护和改善环境、消除污水危害的作用。从卫生方面讲，兴建完善的排水工程，对污水进行妥善处理，对预防和控制各种传染病和"公害病"，保障人民的健康具有深远意义。从经济方面讲，污水经过妥善处理后可回用于城市，这是节约用水和解决水资源短缺问题的重要手段。因此，排水工程的基本任务是保护水环境免受污染，以促进工农业生产的发展和保障广大居民的健康与正常生活。

排水工程同样是城镇建设的重要基础设施，是建设现代化城市的基本条件之一。排水工程的任务是将城镇居民、工矿企业和公共建筑等用水户使用过的生活、生产等各类污（废）水进行收集、输送、处理、排放或回用，以保护水资源，实现水资源可持续利用[4]。这看似简单的一句话，却是要经过建筑排水、排水管网、污水处理、水资源保护等一系列工程实施才可得以实现。此外，污水中含有一些可回收利用的物质，经过适当的处理既可以变废为宝，又可以节约水资源。

1.2.3 我国排水工程的建设进展

随着城市和工业建设的发展,我国城市排水工程的建设逐步有了很大的进展。中华人民共和国成立初期,为了改善人民居住区的卫生环境,除对原有的卫生管渠疏浚外,先后修建或扩建了一些排水工程,如北京的龙须沟,天津的墙子河、金钟河与赤龙河,唐山开滦的黑水沟,南京的秦淮河,上海的肇嘉浜,杭州的西湖和浣纱河等。在修建排水管渠的同时,还修建了一些城市污水厂,促进了城市建设的迅猛发展。随后,我国大力开展工业废水的治理工作,许多工业企业修建了独立的废水处理站。

"六五"期间,全国第二次环境保护会议上首次提出了"环境保护是我国的一项基本国策",使得我国环境保护事业取得重大进展。"七五"期间,水行业国家科技攻关项目的研究重点转移到了工业污水的处理方面,城市污水处理厂的建造数量明显增加,如当时国内规模最大、处理工艺最完整的天津纪庄子城市污水处理厂,以及经过处理后排入郊区灌溉的桂林中南区城市污水处理厂等[5]。

"八五"期间,为解决水资源短缺问题和防治水污染,我国将污水资源化列入了国家重点技术攻关项目,并首次在攻关内容上实现了从水资源保护和综合治理、饮用水源微污染处理、供水、城市和工业污水处理到污水回用的水的闭合循环;攻关方式上充分强调了示范工程,希望通过示范工程的建设带动技术的全面推广应用。例如,在大连市春柳河污水处理厂中建成了城市污水回用示范工程。"九五"期间,强调水处理技术的纵深发展和集成化方向的研究。例如,"集成化的污水处理处置和利用技术"等重点技术发展项目,注重水工业设备的产业化,为新技术在市场经济条件下的推广应用创造条件。"十五"期间,国务院发布了《关于加强城市供水节水和水污染防治工作的通知》,要求所有设市城市都必须建设污水处理设施,提高城市污水的处理率,要从根本上改变城市的环境状况[6]。"十一五"期间,不断加大对城镇污水处理设施建设的投资力度,积极引入市场机制,城镇污水处理事业进入发展快车道。西藏自治区第一座污水处理厂——西藏昌都污水处理厂的建成调试,标志着我国所有省(自治区、直辖市)均已建成城镇污水处理厂,其中北京、上海、山东、江苏、浙江、河南、安徽、海南等省(直辖市)实现了县县建有污水处理厂。

"十二五"期间,环境保护部等发布了《重点流域水污染防治规划(2011—2015年)》[7],设置了加强饮用水水源保护、提高工业污染防治水平、系统提升城镇污水处理水平、积极推进环境综合整治与生态建设、加强近岸海域污染防治、提升流域风险防范水平六大重点任务。随着国家鼓励推动水污染治理、推动节能减排实施、重视水资源循环利用、解决缺水地区饮水问题等政策引发的刚性需求不断扩大,"十三五"期间的污水治理投入(含治理投资和运行费用)达 13922 亿元。其中,2020 年农村污水处理率预计提高 30%,未来 5 年村镇污水处理市场潜在年均市场规模可达 43 亿元(不含管网建设)。

1.3 水工业概述

1.3.1 水工业的产生和发展

改革开放以来,我国由社会主义计划经济向社会主义市场经济转变。而水作为一种特殊的商品,正逐步进入市场,采集、生产、加工商品水的工业被称为"水工业"。水工业是以给水和排水为统一体,以融入高新技术的水质处理为工业核心内涵,为水资源的可持续提供各种用水服务的工业。因为传统的给排水观念已不能包含、解决当代的许多问题,给排水事业的发展已处于困境,需要对当代给排水事业发展的状态和形势更新进行定位,以推动它顺应时代的需要前进。水工业以水的社会循环为服务对象,为实现水的社会循环提供所需的工程建设、技术装备、运营管理和技术服务。它与服务于水的自然循环的"水利工程"构成了水工程的两个方面。

水工业是具有划时代意义的技术密集型产业。自 20 世纪 90 年代初,我国水工业领域就以生产技术为主体、以社会主义市场经济为背景,注重技术的集成化和设备的成套化、国产化,强调成果与工程实践相结合,并逐步打破部门分割,将水工业各环节形成一个整体,逐步实施科学技术产业化。

我国的水工业科技发展较快,与国际先进水平的差距正在不断缩小,水工业科技体系已经初步形成,并拥有一支从事水工业基础科学研究、应用研究、产品研制和工程化产业开发的科技队伍。但是在水工业科技领域普遍存在着成果实用性差、转化率低的先天不足,这已经成为制约我国水工业产业化发展的主要因素。水工业科技产业化就是以科学技术为先导带动水工业的各个环节的发展,促进科学技术的生产力转化,企业将成为水工业行业科技进步的主体。随着科技工作的重心由科研院所向企业转移,要实现水工业科技成果产业化,应动员大型骨干企业成为行业科技进步投资、成果享用、成果转移及实现产业化的核心,以具有市场机制的企业为龙头,寻找产业化的突破口、科技切入点,在国家的政策扶持下,通过科技攻关在技术上突破;同时加强水工业科学技术的全程研究,确保发展后劲;加强国家有关产业政策的配套,为水工业科技产业化提供配套政策。随着水工业科技产业化的发展,水工业将以推进建立科技型的水工业集团、建立完善的水工业科技体系为核心,开展水处理关键技术装备的研究,切实推进水工业产业化。

按照水的应用领域可将水工业分为四个部分，分别是建筑给排水、市政给排水、工业水处理和民用水处理。

1. 建筑给排水平稳发展

中国的建筑给排水市场发展平稳且时间较长，这主要和房地产行业的发展密切相关。房地产行业的发展带动了水工业中阀、管和泵等的发展，并且由于房地产行业的地域发展特点，相应的水工业产业也顺应着这种地域特征，如华北地区主要是以北京为中心，2022 年北京-张家口冬奥会的举办将使北京-张家口的楼市持续保持高速发展。相对的，广州、深圳地区的房地产发展相对平稳，近年向内陆地区投资的势头逐渐见长，带动武汉、南昌等地的房地产开发热潮。

2. 市政给排水潜力巨大

市政给排水主要指市政污水和自来水领域。我国目前的市政给排水市场的发展主要与水价、监管制度、环境治理力度和流域政策密切相关。我国的自来水行业属于微利行业，水价低，同时，污水处理也是迫切需要解决的问题。"十二五"期间，我国城镇生活污水处理实现跨越式发展，新增污水处理能力达到每日 3493 万 t，污水管网 10.94 万 km，中水回用能力达到每日 1132 万 t，在城镇化和工业化快速发展的背景下，控制城镇污水排放总量是非常艰巨的任务，同时必须解决好污泥处理处置设施和再生水利用设施建设滞后，县城和建制镇污水处理能力不足，不同地区之间的污水处理差距等问题。根据"十三五"规划建议提出的实现城镇生产污水垃圾处理设施全覆盖和稳定运行的要求，将"十三五"城市污水集中处理率目标设置为 95%。"十三五"时期，我国将进一步推进城市污水处理设施升级改造，力争实现建制镇污水处理设施全覆盖，进一步提高城镇污水处理能力。

3. 工业水处理长足发展

我国是工业大国，工业水处理总体水平逐年升高。近年来一个突出的趋势是，过去分散的单个的环保工程项目正被大型化、综合化的环境服务大项目所取代。以水处理领域为例，过去环保企业获得的多为污水处理、供水等单个的项目合同，而自 2015 年以来，涵盖水体修复、大型污水厂建设运营、海绵城市建设、工业园区水处理、再生水等众多内容的区域性环境战略合作协议大行其道。通常前者的投资额为数千万至数亿元不等，而后者则能达到数十亿元的规模。不可否认的是，地方环境管理者（地方政府）希望将专业化、市场化的环保公司更加深入地引入环境管理工作中，从过去采购设备和工程变为采购服务以获得更高的环境绩效已成为大势所趋，相信在不久的将来环境治理水平会得到显著提高。

4. 民用水处理持续发展

民用水处理主要针对净水、纯水市场。我国民用水处理发展较快，目前的净水、纯水市场不止局限于生活用水，制药、食品、畜牧等行业纯净水的使用量和使用范围也逐年增大。随着人们对健康生活的不断追求，民用水处理行业将继续保持其发展势头。

净水市场中的分质供水采用两条路线，一路供居民生活用水，另一路供应工业用水。例如，株洲和兰州为降低水处理费用，把原水用作工业用水，其生活用水及部分高品质工业用水由城市供水系统供给，更高品质的用水就必须安装适宜的净水处理系统；上海桃浦化工区为充分利用河水，降低供水成本，把附近的河水处理为沉淀水以作为工业用水，其余的水由管网系统供应；大连、青岛和香港等沿海城市为了缓解淡水资源的压力，就近利用海水作为部分工业用水和冲洗水。而深圳、上海已经竣工并投入使用上百个居住小区、宾馆和写字楼的专用直饮用水系统，苏州、杭州和宁波等城市也相继建立并使用分质供水系统[8]。

1.3.2 水工业的组成

根据我国目前的情况，水工业产业体系可初步分为以下四个部分，涉及城市和工业的许多领域。

1. 水的生产和供应产业

围绕水的采掘、净化、供给、保护、节约、使用、污水处理和再生回用等互相关联的环节而产生的各种企业和部门构成了水工业企业的主体，这些企业通过水工业工程设施的运行和管理，为社会经济发展的各个领域提供各种各样的水质水量及其载体功能服务。这些生产和供应企业（单位）按供水类型和对象划分，主要包括：城镇自来水生产和供应企业、工业厂矿供水工程运营部门和企业、特种水生产和供应企业、城市排水管理单位或企业、污水处理和再生单位或企业、回用水生产及供应单位或企业、建筑水工程运营部门和农业供水单位或企业等。

2. 水工业工程建设产业和安装产业

水工业工程设施是水工业发展的硬件基础，其建设和运行以独立的技术体系和学科体系为支撑，并具有独特的要求和特点，需要高度专业化的建设和安装。水工业工程设施建设和安装业的健全与发展对我国水工业的发展起着重要的保障作用。它涉及的工程建设领域主要包括：水资源控制和保护工程、取水和输水工程、水处理和净化工程、供水管网和输配工程、污水管网和输送工程、污水处理和再生工程、污水回用工程、建筑给排水工程、节水工程和城市防洪工程等。

3. 水工业设备与器材制造产业

水工业设备与器材制造产业是水工业发展的支柱工业。涉及的主要技术设备和器材包括：管材、器材、各种（成套）专用设备、仪器仪表、自动控制系统、通用设备、水工业药剂及其他密切相关的产品。

4. 水工业综合服务业

水工业综合服务业是水工业发展和能力建设的重要软件基础，涉及的服务领域主要包括以下几个方面：工程规划、勘测与设计，产品与设备开发、研制和设计，水资源和水环境评价，技术标准和技术监督，科学研究、科学试验、技术开发和环境影响评价，技术市场信息和咨询服务，教育、培训和管理及水工业金融投资服务业等。

1.3.3　水工业的特点

在社会主义市场经济条件下产生和发展起来的水工业，具有区别于传统给排水的显著特点。

中华人民共和国成立之前，只在北京、上海等少数大城市有规模很小的给排水设施。中华人民共和国成立以后，随着社会经济的发展，逐渐在城市、乡镇和工业企业建设给排水设施，当时主要是为了解决饮水问题，即水量是主要矛盾。中华人民共和国成立初期，全国水源水质相对较好，城市、乡镇和工业对水质的要求也相对较低，进入社会循环的水量较小，尽管污、废水的处理相对滞后，但对水环境的污染相对较轻，所以水质问题尚不突出。改革开放后，我国社会经济高速发展，由于我国水资源储量的有限性、时空分布的不均衡性所导致的水资源短缺和忽视环境保护而造成的以水环境污染为标志的水危机日益严重。因此，水资源短缺和水环境污染与人们对饮用水水质不断提高的要求的矛盾日益增大；高新技术的发展也使工农业对水质的要求大为提高。

知识经济时代的水工业有着高新技术化的鲜明特点。计算机技术、信息技术、生物技术、材料科学、自动控制技术、系统科学等新技术及其手段与方法向水工业技术领域的渗透、移植和交叉，推动了水工业工程技术的高新技术化和产业化。传统上，给排水工程是土木工程的一个分支，取水和水处理工艺过程主要是通过土建构筑物来实现的。进入社会主义市场经济以后，在激烈的市场竞争中，水工业开始了设备化的进程，因为只有设备化，才能更快地实现产业化。设备化便于技术集成化，以满足市场对技术水平及实用性不断提高的要求，满足对不同水量、水质及不同技术经济条件下产品成套化和系列化的要求。此外，设备化更便于高新技术向水工业的移植，以带动水工业整体科技水平的提高。所以，现代水处理技术由传统的土木型向设备型和集成型发展，设备集成的技术含量及投资比例不断提高，反映了水工业技术朝着设备化、产业化和市场化方向发展。

水工业的另一个显著特点是管理的科学化。现代管理科学的发展，以及计算机和自动控制技术的不断发展与应用领域的不断扩大，为水工业管理的科学化提供了硬件基础。科学管理体系涉及水资源管理系统、城市供水优化调度系统、城市水处理系统基础数据库、水处理方案优化、水处理 CAD、水厂处理工艺流程的优化及自动控制、水工业管理信息库及城市地理信息系统等领域。随着科学技术的不断发展，水工业企业的管理水平面临一次新的飞跃，对水工业来说，未来的时代将是科学管理的时代[9]。

1.4 给排水科学与工程学科体系的组成和任务

给排水科学与工程是研究水资源的保护、开采、净化、供给、利用和再生等有关水的各个环节的科学。它所要解决的基本矛盾是人类社会经济发展对水的不断提高的利用需求与水资源紧缺及水环境污染的矛盾。这决定了它的研究内容将以城市和工业及现代农业为主要对象，研究以水质为中心的水资源的开发利用，实现水的良性社会循环。核心问题是如何有效提高水质、水量，同时又保证水资源的可持续开采。

1.4.1 给排水科学与工程学科体系的组成

给排水科学与工程是一个涉及领域广、内涵精深的综合性和交叉性学科。它的学科体系包括水基础科学、水工艺与工程学、水工业设备制造学、水工业社会科学等。

1. 水基础科学

水基础科学是城市水工程学科的重要组成部分，是水工艺与工程学的理论基础。水基础科学是围绕"水"这个核心而展开的应用基础学科。它主要研究水质、水量运动的状态及其变化规律，内容包括：水循环和运动规律；水质及水中物质的转化、转移和分离。它涉及的学科主要有水文学、水文地质学、水化学、水微生物学、水力学等。

1）水循环和运动规律

水循环包括三种含义：第一是指各种水体通过蒸发、水汽运输、降水、地面径流、地下径流而形成的水文循环，即水的自然循环；第二是指自然水文循环受到人类社会活动影响而形成的自然与人类活动综合影响下的水文循环，着重研究自然循环受人类社会活动影响而发生的水文变化规律；第三是指人类社会为满足其生活和生产的需要而从自然水体取水，再将用过的水释放到自然水体而形成的循环，即水的社会循环，着重研究自然水体受到人为破坏后如何通过人工处理使污染水体恢复自然状态以回归自然。一般情况下，所谓的"水循环"是指水的自然循环和水的社会循环。

水的运动规律是指水在江、河、湖泊、地下水及各种人工构筑物（如水库、闸坝、塘槽、管渠）中的流动规律，是水的宏观运动规律。它是水基础科学研究的重要内容之一。因此，水循环和水的运动规律与水源开发、利用、保护、管理及水的运移输送紧密相关，它涉及水文学、水文地质学、水资源利用与保护、水力学、环境水利学及水利工程学等有关学科。

2）水质及水中物质的转化、转移和分离

在水的社会循环中，人们的各种用水除了必须满足水量的要求外，更对其水质有不同的严格要求。水质与溶解或挟带于水中其他物质的成分、含量、水的存在状态密切相关。水中其他物质含量过多，或含有对人体有害的物质固然表明水质不好；但是水中完全没有其他物质或者含量过少，也并不一定能满足许多用水的需要。同样的水，存在状态不同，水的内部结构不同，其体现的水质也不同。因此，水质优劣的评价与不同的用水目的和要求有关。从基础学科上看，水质科学除与水化学、水微生物学、水质卫生学等有关外，还与生物化学、溶液化学等密切相关。

水中物质的转化、转移和分离实际上是对各种水处理方法基本原理的概括。在水处理中，水中悬浮物、胶体物、溶解物的去除都是水中物质的转化、转移和分离等作用的结果。转化是指水中某种物质经过物理、化学及物理化学或生物化学作用转化为另一种物质，通常是把有害物质转化为无害的物质，或把溶解性的物质转化为易于去除的固体不溶物；转移是指水中某种溶解物由水溶液中转移到某固相表面，它一般是物理化学作用的结果；分离是水处理的最终目的，将用水要求中不需要的物质从水中分离出去。因此，水中物质的转化、转移和分离原理及机制是水处理工艺与工程的理论基础。由此可知，水中物质的转化、转移和分离与物理学、化学（包括有机化学、无机化学、分析化学、物理化学、生物化学

等）、微生物学、化学反应过程原理等学科有关。

2. 水工艺与工程学

水工艺与工程学是给排水科学与工程学科体系的核心。概括地讲，它是以水质水量为主题的水处理工艺和工程技术的总称。它包括两个基本内容：水处理工艺和水工程技术。

1）水处理工艺

水处理工艺是水工艺与工程学的技术主体，是以水质为中心的水处理技术的总称。随着水工业基础学科，如水力学、化学和微生物学等理论的逐步深入完善，社会经济发展对给水水质和污水处理要求的提高，水处理工艺在原有给水处理和污水处理技术基础上得到迅速发展和提高，加强了水科学和工程学科体系的技术支撑。

水处理工艺体系包括以下技术内容。

（1）物理水处理技术：以物理方法为主的水处理技术，主要有吹脱、气浮、蒸发、蒸馏、过滤、物理场（电磁、超声、微波）处理等。

（2）化学水处理技术：以化学和物理化学方法为主的水处理技术，主要有沉淀、絮凝、化学氧化、催化氧化、光化学氧化、中和、吸附、离子交换、软化除盐、水质稳定和膜处理技术等。

（3）生物水处理技术：以生物方法为主的水处理技术，主要有各种天然的和人工的好氧处理、厌氧处理技术及自然生物处理技术等。

2）水工程技术

水工程技术是水工艺与工程学的重要组成部分，它是研究运用工程技术和有关学科的原理、工艺方法，在水的开采、加工、输送、利用、回收和再生回用及排放的过程中保持良性社会循环，使其满足人和社会持续发展需求的工程学科。水工程技术的主要内容包括：给水工程技术、污水工程技术、污水再生回用工程技术和建筑给排水工程技术等。

给水工程技术是以满足城市和工业用水为目的，研究水的开采、处理和输配的工程技术；污水工程技术是研究城市和工业污水的汇集、处理和处置及排放的工程技术；污水再生回用工程技术是使生活污水和生产废水经过必要的处理，恢复其使用价值，回用于工业、市政绿化、冲洗洗涤、地下水回灌和补充地面水等方面的工程技术；建筑给排水工程技术则是研究工业与民用建筑的生活、生产和消防用水供应及污水的汇集、处置，以创造卫生、安全、舒适的生活、生产环境的工程技术。它既是建筑设备工程的组成部分，又与城市给排水工程共同组成了水工程学科，这都是水的社会循环的组成部分。

3. 给排水科学与工程学科体系的其他组成

给排水科学与工程的学科体系的系统性、综合性和社会性等特征使它与其他学科广泛关联，有着区别于单一学科的鲜明特点。它吸纳了其他学科的相关内容，形成了属于自己的分支学科。这些分支学科主要包括水工业设备制造学、水工业社会科学等。

1）水工业设备制造学

水工业设备制造学是以机械工程学和电子工程学为基础，同水工艺与工程学紧密结合，以实现产业化为目的的水工业机械制造技术。它以水工业设备、仪器仪表，以及重大装备的制造技术为研究对象，服务于水工业设备制造、加工及水处理工艺成套设备制造与自动化控制等水工业行业。

主要包括以下技术。

（1）水工业器材制造技术：包括各种给排水管材、管件、过滤器材等制造技术。

（2）水工业通用设备制造技术：包括水泵、风机、阀门等设备制造技术。

（3）水工业专用设备制造技术：包括曝气、加药和搅拌、消毒、软化除盐、刮泥排泥、拦污、污泥脱水、沼气利用等设备制造技术。

（4）水处理工艺成套设备制造技术：包括各种水处理单元工艺设备、水处理工艺成套设备制造技术。

（5）水工业仪器仪表技术：包括水工业专用仪器仪表、水质分析仪器仪表制造技术。

（6）水工业控制系统：包括单元、系统、整个水厂及整个城市、区域的控制系统等。

2）水工业社会科学

给排水科学与工程的核心内容是"水"，它涉及人类社会的可持续发展，并由此影响社会经济发展制度和发展模式。因此，给排水科学与工程必然要研究与水有关的社会学问题，从而逐步形成水工业社会科学。水工业社会科学主要包括以下内容。

（1）水工业经济学。水工业经济学研究以城市和工业为核心的水的可持续开发利用中的各种经济关系和供需矛盾，研究宏观和微观水工业经济活动：在宏观上包括水资源的可持续开发经济学研究，以及水工业作为产业、水作为一种商品的各种宏观经济特性研究；在微观上研究水工业工程建设中的经济活动和经济关系，对水工业工程基本建设和运行管理中的投资费用与经济效益进行经济核算、分析和评价。

（2）水工业规划与管理学。研究给排水资源的调配、规划及自来水厂、污水处理厂、管网、泵站等水工业单元的规划、运行、管理、控制技术等；在宏观上也应包括利用行政、法律、经济等手段进行的给排水资源的统一管理和调度。

（3）水工业社会学。水工业社会学是一门研究水工业社会关系的学科，它从社会学的角度研究水和人类发展的关系，水工业与人类社会可持续发展的关系，水工业与环境保护的关系，水工业产业的组成与发展，水工业的法规体系、标准体系及水工业的学科体系与相关学科的关系等[10]。

1.4.2　给排水科学与工程学科体系的任务

给排水科学与工程是研究水的开采、净化、供给、保护、利用和再生等有关水在社会循环中各个环节的科学。它是一门以水的社会循环为研究对象，以水质为中心，研究其水质和水量的运动变化规律及相关的工程技术问题，在社会主义市场经济条件下，以实现水的良性社会循环和水资源的可持续利用为目标的工程技术学科。它所要解决的基本矛盾是人类社会经济发展对水的不断提高的利用需求与水资源紧缺及水环境污染的矛盾。它以城市和工业及现代化农业为主要对象，研究以水质为中心的水资源开发利用，实现水的良性社会循环。核心问题是如何有效提高水质、水量，同时又保证水资源的可持续开采利用。

给排水行业在国民经济和社会发展中起着十分重要的作用，水的良性社会循环已成为保障各行业科学发展的重要支撑。作为为行业发展提供技术和人才支撑的给排水科学与工程专业，已形成了具有自身特点的、独立的学科理论体系和专业教育体系。我国社会的可持续发展离不开综合水平的可持续发展，给排水系统是社会建设中重要而容易被忽视的方面，城镇建设人员必须做好城市给排水系统的建设管理工作，确保城镇的可持续发展。

参 考 文 献

[1] 李圭白. 饮用水处理工艺的发展历程. 中国建设信息(水工业市场), 2010, 12(6): 8-9.

[2] 钟淳昌. 中国给水 50 年. 给水排水, 2000, 12(1): 1-5.

[3] 孙慧修. 排水工程(上册). 北京: 中国建筑工业出版社, 1999.

[4] 孙犁, 王新文. 排水工程. 武汉: 武汉理工大学出版社, 2006.

[5] 严嫣, 赵洪才. "十五"期间我国城市污水处理设施建设情况分析. 给水排水, 2008, 12(4): 49-52.

[6] 高光智. 城市给水排水工程概论. 北京: 科学出版社, 2010.

[7] 环境保护部.《重点流域水污染防治规划》发布. 环境污染与防治, 2012, 12(6): 4.

[8] 李圭白, 蒋展鹏, 范瑾初, 等. 城市水工程概论. 北京: 中国建筑工业出版社, 2002.

[9] 许保玖. 给排水科学与工程概论(第二版). 北京: 机械工业出版社, 2010.

[10] 李亚峰, 杨辉, 蒋白懿. 给排水科学与工程概论. 北京: 机械工业出版社, 2015.

第 2 章　水资源与取水工程概述

2.1　水　资　源

2.1.1　地球上的水资源

从古到今，人们一直选择邻近水源的地方居住，这是因为人们的生活离不开水。由于自然界拥有丰富的水体，在人类发展的长河中，人们尽情地享受着大自然的恩赐，利用自然水体的功能来满足各方面的生活需求。我们生活的地球表面有 70%左右被海洋覆盖，形成巨大的水面；在占地球表面 30%左右的陆地上，也分布着湖泊、河流等随处可见的水面；从地表挖掘到一定深度就有地下水渗出；包括人体在内的生物体，至少有 60%是由水分构成的。因此，可以说我们生活的自然界处处被水包围着，不论是否具有足够的自然科学知识，说到水，谁也不陌生。

从外太空看到的地球是图 2-1 这样美丽的景象，但是如果有一天，地球上的水都被抽光了，地球会是什么样子呢？由美国地质勘探局（the U.S. Geological Survey，USGS）所进行的模拟研究结果表明，将地球上所有的海洋、河流全都抽出，汇集在一起时，其就会变成图 2-2 的样子。也就是说，地球上的水汇集起来只能形成直径大约 1385km，不足月球直径一半的小水珠。与地球的直径相比，此小水珠看起来更是微不足道。但就是这"滴水"支撑着整个地球上所有的生物[1]。

图 2-1　从外太空看地球（NASA）

图 2-2　水被抽干后的地球（USGS）

直到 19 世纪末期，人们虽然知道水、熟悉水，但并没有"水资源"的概念。1977 年，联合国教育、科学及文化组织（United Nations Educational，Scientific and Cultural Organization，UNESCO）提出，水资源是指"可资利用或有可能被利用的水源，这个水源应具有足够的数量和可用的质量，并能在某一地点为满足某种用途而被利用"。这一定义目前已被广泛接受，因为它重点强调了水作为一种"资源"的用途和价值，既包括了水资源的数量和质量，又包括了水资源的使用价值和经济价值。

在我国，水资源这一概念是在近三四十年得到广泛应用的，然而，我国开发和利用水资源却具有悠久的历史。中国有文字记载的水资源开发和利用历史的第一页是约公元前 22 世纪大禹治水的传说；公元前 256 年修建的都江堰水利工程至今已成功地运行了 2270 多年；公元前 246 年秦国又兴建了郑国渠；此后 150 年左右，在郑国渠灌区里又兴建了与郑国渠齐名的白渠。这些都是我国古代水资源开发利用的范例。

广义的水资源指世界上一切水体，包括海洋、河流、湖泊、沼泽、冰川、土壤水、地下水及大气中的水分，是人类宝贵的财富，是地球自然资源的一种。狭义的水资源仅仅指一定时期内，能被人类直接或间接开发利用的那一部分动态水体，主要指河流、湖泊、地下水和土壤水等淡水资源。地球表面 72%被水覆盖，淡水资源仅占地球总水量的 0.3%左右，但其却是人类目前水资源的主体[2]；近 70%的淡水又存在于南极和格陵兰的冰层中，其余多为土壤水或深层地下水，不能被人类利用。因此，地球上仅有不到 1%的淡水资源可被人类直接利用。

2.1.2 水资源的类型

通常所说的水资源可分为两大类：地表水资源和地下水资源。地表水按水体的存在形式有江河、湖泊、蓄水库和海洋。地下水源按水文地质条件和地下水的分类，包括潜水（无压地下水）、自流水（承压地下水）和泉水。两类水源具有截然不同的特点。

大部分地区的地表水因受各种地面因素影响较大，通常表现出与地下水相反的特点，如浑浊度和水温变化幅度较大，水质易受到污染；但是水的含盐量及硬度较低，其他矿物质含量较少。地表水的径流量一般较大，但水量和水质的季节变化明显。

地下水受形成、埋藏、补给和分布条件的影响，一般有下列特点：水质澄清、色度低、细菌少、水温较稳定、变幅小、分布面广且较不易被污染，但水的含盐量和硬度较高，径流量有限。在部分地区，受特定条件和污染的影响，可能出现水质较混浊、含盐量很高、有机物含量较多或其他污染物含量高的情况。

2.1.3　水资源的特点

水资源作为一种自然资源,有其独特的性质,深刻认知这些特性对合理开发利用水资源有着重要的意义。

1. 循环性与有限性

水资源与其他资源不同,在太阳辐射及地球引力作用下形成水循环,在水循环过程中得以不断恢复和更新,使水资源呈现循环性,属可再生资源。但是,各种水体的补给量是不同的和有限的,为了可持续供水,多年平均利用量不应超过补给量。水循环过程的无限性和补给量的有限性,决定了水资源只有在一定数量限度内才是取之不尽、用之不竭的[3]。

2. 流动性与溶解性

在常温下,水主要以液态的形式存在,具有流动性。这种流动性使水资源得以拦蓄、调节、引调,从而使水资源的各种价值得到充分的开发利用;同时也使水具有一些危害,它会造成洪涝灾害、泥石流、水土流失与侵蚀等。另外,水在流动并与地表、地层及大气相接触的过程中会挟带和溶解各种杂质,使水质发生变化。这一方面使水中具有各种生物所必需的有用物质,但另一方面也会使水质变坏、受到污染。这些都体现了水具有利弊的双重性。

3. 时空分布不均匀性

水资源的时空变化是由气候条件、地理条件等因素综合决定的。各区域所处的地理纬度、大气环流、地形条件的变化决定了该区域的降水量,从而决定了该区域水资源的多少。我国位于欧亚大陆东部,主要受季风气候的影响,降水随东南季风和西南季风的进退而变化,水资源的时空变化非常大,降水的年内分布也很不均匀。水资源的地域性提醒人类在经济发展的过程中要特别注意发挥地域性优势,对水资源采用因地制宜、扬长避短和择优利用的准则。

4. 利用广泛性和不可替代性

水资源在工农业各部门和人类生活上的使用极为广泛。从水资源的利用方式来看,水资源可分为消耗性用水和非消耗性用水两种:一种使用形式为消耗性的,如饮水灌溉、生活用水及在液态产品中作为原料等,其中可能有一部分水回归河道,但水量已减少,而且水质也发生了变化;另一种使用形式为非消耗性的,如养鱼、航运、水力发电等。水资源的这种综合效益是其他任何自然资源无法替代的。此外，水还有很大的非经济型价值，自然界中各种水体是环境的重要组成部分，有着巨大的生态环境效益。

5. 利与害的双重性

"水能载舟，亦能覆舟"，这种利与害的双重性是水资源有别于其他自然资源的突出特点。纵观世界各大城市，绝大多数是沿着江河发展的，这不仅是因为江河提供了航运交通之便，还因为江河提供了丰富的水资源。但如果水资源开发利用不当，也会引起人为灾害，例如，垮坝事故、水土流失、次生盐渍化、水质污染、地下水枯竭、地面沉降、诱发地震等。因此，开发利用水资源必须重视其两重性的特点，严格按自然和社会经济规律办事，达到兴利除害的双重目的。

6. 社会性与商品性

水资源有着多种功能，渗透到人类社会的各个领域。水资源的多种用途与综合经济效益是其他自然资源难以相比的，对人类社会的进步与发展起着极为重要的作用，充分体现了水的社会性。同时，水资源经供水部门提供给用水部门后已成为用来交换的产品，因而具有商品的属性，且具有一般物品难以替代的价值。目前，我国城市居民用水、工业用水的价格较为低廉，没有完全体现出水作为商品应有的价值，这是造成水资源浪费的主要原因之一。

综上，水资源具有许多有益于人类的价值，但是也会给人类带来灾害。水资源的特性表明对其开发利用是一个极其复杂的综合工程，应尽最大可能做到兴利除弊。

2.1.4 非常规水资源

1. 再生水资源

人类对水资源的需求量逐年增加，同时水体的污染不断加剧，水质不断恶化，加上地区性的水资源分布不均和周期性干旱，导致淡水资源在水质、水量两方面都呈现出越来越尖锐的供求矛盾，全球面临水资源短缺的危机。因此，世界上不少国家已逐步将污水经过适当处理，达到一定的水质标准，满足某种使用要求后，作为再生水资源用于工业、农业、生活用水或河道、景观等环境用水，使之成为水资源的一个组成部分，此法也已成为合理利用和节约水资源的重要途径。其中，办公楼、宾馆、饭店、生活小区等集中排放的生活废水就地处理后回用于冲厕、洗车、消防、绿化等生活杂用水，又被称为"中水"。城市污水水量大、水质相对稳定、就近可得、易于收集、处理技术成熟、基建投资比远距离引水少，当今世界各国在解决缺水问题时，已将城市污水再生回用作为一种可靠的非常规水资源[4]。

2. 雨水资源

雨水是自然界水循环过程的阶段性产物，其水质优良，是十分宝贵的水资源，通过合理的规划和设计，采取相应的措施，可将雨水加以充分利用，不但能在一定程度上缓解水资源的供需矛盾，而且可有效减少地面的水径流量，延滞汇流时间，减轻雨水排除设施的压力，减少防洪投资和洪灾损失。

雨水利用系统是将雨水收集、储存并经简易净化后供给用户的系统。雨水利用系统由集水管道、过滤（处理）装置、储存设施、输送设备、输送管道构成。

3. 海水资源

全球海水量丰富，但是其因含盐量高而不能被直接取用，需要将苦涩腥咸的海水脱盐后淡化成淡水，方可作为水资源被人类使用，从而增加淡水资源总量，实现水资源的开源增量。

海水淡化的方法主要有蒸馏法、冻结法、电渗析法、反渗透法、离子交换法等。16世纪末，人类试着用蒸馏器在船上直接蒸发海水来制取淡水，开创了人工淡化海水的先例。19世纪末，由于蒸汽轮船的普遍发展，蒸发器也随之蓬勃发展起来，以满足锅炉用水和部分饮用水的需要。1877年，俄国在巴库建成了世界上第一台固定式淡水装置[5]。其他国家，尤其是缺少雨水的干旱国家也相继建成固定式淡水装置。但是，真正大规模地淡化海水出现在20世纪50年代后期。科威特的"多级闪急蒸馏法"的装置达32级，其海水淡化水平居世界一流。当今世界淡化海水总产量的70%是用此法生产的，能够日产水18万t。沙特阿拉伯是世界上最大的淡化海水生产国，其海水淡化量占世界总量的21%左右[6]。

2.1.5　城市化对水资源的影响

水资源的用途很广，主要有生活用水、工业用水、农业用水、渔业用水、航运用水、景观用水、娱乐旅游用水，以及生态用水等。

伴随着城市化的进程，城市规模不断扩大，人口密度逐步加大，工业化水平日益提高，城市化带来的负面影响越来越大。城市化在一定程度上改变了城市的局部气候条件，也进一步影响城市的降水条件，同时增加了城市不透水面积，改变了径流形成的条件，使地下水得不到足够的补给，破坏了自然界的水循环，导致城市水资源短缺、水污染加剧、生态环境恶化等问题日趋严重。随着城市化规模越来越大，水资源利用量也越来越大，城市化过程中工业废水、居民生活污水等排放量日益增大，因而在水资源开发利用的过程中，有三个因素必须考虑：第一，水资源并非"取之不尽，用之不竭"，过度开发必然会造成水资源难以自我再生，难以保持其本来具有的开发利用潜力；第二，水资源既有"量"的问题，也有"质"的问题，当一个水体过多地接纳污染物质时，它本来具有的良好质量也会发生大的变化；第三，作为水资源的水体及其周边环境处于同一生态系统，人为活动引起周边环境变化也必然会影响水体的生态健康，从而影响其水资源功能。世界各国在其社会经济发展的过程中，都经历过大规模开发和利用水资源的阶段，且都不同程度地经历过过度开发或不合理开发和利用所带来的种种问题[7]。

1. 城市化发展与水资源关系

城市是人类发展和社会进步的标志，随着人类进步和工业化的发展，人口大规模向城市集中，城市规模不断扩大，使得城市经济有了较大的发展。城市是人类发展的必然产物，是一个社会走向现代化的必然阶段。20世纪以来，全球城市化潮流势不可挡，它一方面促进了社会、经济、文化和人类的进步和发展，另一方面由于人口大规模集中、产业密集、社会经济活动频繁、城市规模不断扩大，给城市交通、住房和资源利用带来了一系列问题，污染加剧，生态环境恶化问题日趋严重，其中最重要的是水资源短缺和水污染加剧问题日趋突出。

在我国，随着城市化水平的提高，城市规模不断扩大，城镇人口密度加大，城市化带来的负面影响越来越大。城市化的发展使一大批城市和城市群涌现出来，这种大规模城市扩张带来了一系列的生态环境问题，如城市生态系统失调、环境污染、资源短缺、人居环境恶化等，其中水资源紧缺，水污染加剧问题最为严重。

纵观世界城市发展，世界各地城市化发展和水有着密切的联系。从古代城市依山傍水而建设，到近代城市的发展，都要综合考虑城市供水、排水及城市水环境等有关水资源的综合要素[8]。城市化发展对水资源的需求与日俱增，水资源在许多地区已成为制约城市发展的一个重要因素，同时城市化发展对城市水资源和水环境产生了较大的影响，使其发生了显著变化。近年来，由于城市和工业化发展，人类活动加剧，水资源短缺和水污染问题日益严重，已明显影响人类的生存和发展。

2. 城市化发展对水资源的影响

城市化是世界各国发展的共同趋势，城市缺水已成为全球关注的问题。由于城市化增加了房屋和道路等不透水面积及排水设施，改变了径流形成的条件，因此地下水得不到足够的补给，破坏了自然界的水循环。城市化还带来了局部气候变化、耗水量增加和水质污染等问题。

1）城市化对气候的影响

由于城市化增加了房屋和道路等不透水面积，绿化面积减少，用人工表面代替土壤和草地等自然地面，改变了下垫面的组成和性质，从而改变了反射和辐射面的性质，改变了近地面层的热交换和地面的粗糙度，导致大气的物理状况受到影响，形成了城市热岛。在天气晴朗无云、大范围内气压梯度极小的形势下，由于城市热岛的存在，城市中形成一个低压中心，并出现上升气流。从热岛垂直结构来看，在一定高度范围内，城市低空比郊区同高度的空气更暖，因此随着市区热空气的不断上升，郊区近地面的空气必然从四面八方流入城市，风向向热岛中心辐合。

城市排出的大量各种气体和颗粒物，会显著地改变城市的大气组成。因人为造成的大气污染，颗粒物质为雾的形成提供了丰富的凝结核。这种大气污染不但会使城市大气中的有害气体的含量增高，而且还会使城市的云量、雾量和降水量也都增高。城市中鳞次栉比的建筑物群增加了下垫面的粗糙度，减少了风速，为雾的形成提供了合适的风速条件。又由于城市热岛环流，郊区农村带来的水汽低空辐合上升凝结成雾的概率增大。

2）城市化对降水的影响

城市规模的不断扩大在一定程度上改变了城市地区的局部气候条件，又进一步影响城市的降水条件。在城市建设过程中，地表的改变使其上的辐射平衡发生了变化，空气动力糙率的改变影响了空气的运动。工业和民用供热、制冷及机动车增加了大气中的热量，而且在燃烧中把水汽连同各种各样的化学物质送入大气层中。建筑物能够引起机械湍流，城市作为热源也导致热湍流，因此城市建筑对空气运动能产生相当大的影响。而城市上空形成的凝结核、热湍流及机械湍流可以影响当地的云量和降水量。城市中的降水量一般比郊区多 5%～15%。

3）城市化对径流的影响

随着城市化的发展，树木、农作物、草地等面积逐步减小，工业区、商业区和居民区的面积不断增加。城市化过程使相当部分的流域（如小的河道、湖泊和湿地）为不透水地表所替代，减少了蓄水空间。由于不透水地表的入渗量几乎为零，径流总量增大，雨水汇流速度大大提高，从而洪峰出现时间提前，同时入渗量减小，地下水补给量相应减小，枯水期河流基流量也将相应减小。排水系统的完善，如设置道路边沟、雨水管网和排洪沟等，可增加汇流的水力效率。城市中的天然河道被裁弯取直、疏浚和整治，使河槽流速增大，导致径流量和洪峰流量加大。与郊区相比，城市在降雨后，径流量急剧增高，很快出现峰值，然后又迅速降低，其径流曲线非常陡峻，呈急升急降趋势。

4）城市化对地下水资源的影响

由于地表水资源短缺，地下水资源就成为城市生产和生活的主要供水水源。随着城市化规模越来越大，水资源利用量也越来越大。为满足城市正常的生活和生产，不得不集中大量开采地下水，因此，目前地下水超采严重，涉及的城市不但有大中城市，而且也有小城市和乡镇。地下水的严重超采，不但有可能导致地下水枯竭、影响城市供水，而且还会造成地面沉降、建筑物破坏等一系列环境地质问题。

城市建筑物及沥青、混凝土路面的增多使不透水面积的比例增大，一般可达80%以上。对于各种屋面、混凝土和沥青路面而言，其地表径流系数为0.90左右，也就是说，仅大约10%的雨水渗入土壤。降雨后，雨水除少数被截留与蒸发外，大部分通过地下雨水管道系统排出，成为地面径流，因此，降雨补给地下水的资源量大为减少。如果地下水埋深较小，对地下水尚可少部分补给，如果地下水埋深较大，则几乎不能产生补给。

城市中工业生产过程中排出的污水、居民的生活污水等，如果不经处理，排入河道或湖泊，都会间接污染地下水。向透水地面倾倒污水、垃圾堆放被雨水冲淋、污水管道泄漏及污染物经雨水冲刷，均可造成对地下水的污染。

2.1.6 我国水资源的概况

水资源是基础性的自然资源，是战略性的经济资源，是综合国力的有机组成部分。实现水资源的可持续利用，发挥水资源的经济、社会、生态等效益是当前和今后长期的重要任务。因此，认清水资源现状是实现水资源可持续开发、利用和管理的基础，对社会经济可持续发展具有重要的意义。

降水是河川径流和地下水的主要补给来源，也是制约水资源时空分布的主要因素。我国降水量的季节分布特点是大部分地区集中在夏季，冬季降水量最少。受降水影响，我国水资源的时空分布具有年内、年际变化大及区域分布不均匀的特点。按照年降水和年径流的多少，全国大致可划分为水资源条件不同的5个地带。

1. 多雨-丰水带

年降水量大于1600mm，年径流深超过800mm，年径流系数在0.5以上。包括浙江、福建、台湾、广东等省的大部分地区，广西东部、云南西南部、西藏东南隅，以及江西、湖南、四川西部的山地。其中台湾东北部和西藏东南的局部地区，年径流深高达5000mm，是我国水资源最丰富的地区。

2. 湿润-多水带

年降水量 800～1600mm，年径流深 200～800mm，年径流系数 0.25～0.5。主要包括沂沭河下游和淮河两岸地区，秦岭以南的汉水流域，长江中下游地区，云南、贵州、四川、广西等省（自治区）的大部分及东北的长白山区。

3. 半湿润-过渡带

年降水量 400～800mm，年径流量 50～200mm，年径流系数 0.1～0.25。包括黄淮海平原，黑龙江、吉林、辽宁、山西、陕西的大部分，甘肃和青海的东南部，新疆北部和西部山地，四川西北部和西藏东部。

4. 半干旱-少水带

年降水量 200～400mm，年径流深 10～50mm，年径流系数在 0.1 以下。包括东北地区西部，内蒙古、宁夏、甘肃的大部分地区，青海、新疆的西北部和西藏部分地区。

5. 干旱-干涸带

年降水量小于 200mm，年径流深不足 10mm，有的地区为无流区。包括内蒙古、宁夏、甘肃的荒漠和沙漠，青海的柴达木盆地，新疆的塔里木盆地和准噶尔盆地，西藏北部的羌塘地区。

2.1.7　我国水资源的特性

我国的地理位置、气候条件、地形地貌、人口总数、国土面积等自然条件决定了我国水资源的特性。

1. 人均水资源水平低

我国河川径流量居世界第 6 位，列在巴西、俄罗斯、加拿大、美国、印度尼西亚之后。但我国人均年占有径流量仅为 2260m^3，比世界平均值的 1/4 还低，被列为世界上 12 个贫水国家之一。因此，水资源是我国十分珍贵的自然资源。

2. 时空分布不均匀性

从时间序列来看，降水量与径流量年内、年度之间波动很大，大部分地区汛期降水量占年降水量的 70%以上，且集中在 3～4 个月当中，导致约 2/3 的水资源是洪水径流量，难以控制和有效利用。从空间分布来看，北方人口占全国的 47%，耕地占 65%，而水资源量只占 20%；南方水资源量占全国的 80%，而耕地占 35%，人口占 53%，南北相差悬殊。这种时空分布的不均衡促成和加剧了我国水资源供需的矛盾。

3. 水资源污染严重性

水资源污染是人为与自然双重因素所致。随着我国人口数量的不断增加、城市化进程的继续推进和人民生活水平的提高，污染源的种类和数量增加，导致水资源污染日趋严重，不仅降低了水资源的使用功能和价值，更加剧了水资源的短缺，严重威胁到城市居民的饮水安全和健康。

4. 水资源短缺严重性

水资源污染是人为与自然双重因素所致，是水资源领域的特殊灾害，致使水资源短缺的形势更加严重，是水资源管理中的"顽疾"。随着经济建设的高速发展、人口的不断增加，特别是城市人口急剧膨胀，全国的污水排放量快速增长。未来随着我国人口数量的不断增加、城市化进程的继续推进和人民生活水平的提高，生活污水排放量将继续增长，成为新增污水排放量的主要来源。日趋严重的水污染不仅降低了水体的使用功能，进一步加剧了水资源短缺的矛盾，而且还严重威胁到城市居民的饮水安全和健康。

2.2 取 水 工 程

2.2.1 取水水源选择

取水水源选择是取水工程的关键。在选择合适的取水水源时，应对当地水资源状况进行充分调研，确保所选水源水量充沛、水质安全、便于防护，应考虑取水构筑物建设施工、运行管理时的安全，注意相应的水文地质、工程地质、地形地貌、人防卫生等，应正确处理与工业、农业、航运、水电、环境保护等有关部门的关系，以求合理地综合利用开发水资源。

符合卫生要求的地下水可优先作为生活饮用水源考虑，但取水量应小于允许开采量。

作为用水水源而言，地下水源的取水条件及取水构筑物构造简单，施工与运行管理方便；水质处理比较简单，处理构筑物的投资及运行费用较低，且卫生防护条件较好。但是，对于规模较大的地下水取水工程而言，开发地下水源的勘查工作量较大，开采水量通常受到限制，而地表水源则常能满足大量用水需要。

相对于地下水源，地表水的取水条件，如地形、地质、水流状况、水体变迁及卫生防护条件均较复杂，所需水质处理构筑物较多，投资及运行费用也相应增大。

2.2.2　地表水取水工程

1. 影响地表水取水的主要因素

地表水主要是指河流、湖泊、水库等水体里的水。由于河流、湖泊、水库等水体的差异很大，取水条件各不相同，相应的取水构筑物也不同[9]。

河流取水构筑物最具有代表性，因为大多数的地表取水都是从河流取水的。河流中的水流特性及河床条件决定了取水构筑物形式的选择；反过来取水构筑物也可能引起河流自然情况的变化。因此，选择取水构筑物时应全面综合考虑河流条件，避免带来负面的影响[9]。这些条件如下。

1）河流的径流变化

河流径流的变化，即河流的水位、流量及流速变化，是河流的主要特征之一，是建设取水构筑物时首先必须考虑的因素。影响河流径流的因素主要有地区的气候、地质、地形、植被等自然地理条件及河流的流域面积与形状。它们都会引起河流径流在不同时间、地点的变化。在建造取水构筑物时，必须了解河流历年最小与最大流量；历年最高与最低水位；历年的月、年平均流量与平均水位；其他情况下，如春秋两季流冰期、冰塞、潮汐时的最高水位及相应的流量；上述情况下相应的河流最大、最小和平均水流流速及其在河流中的分布情况。这些径流资料与变化规律是考虑取水工程建设的重要依据。

2）泥沙运动和河床演变

河流在形成和流动过程中常挟带一定数量的泥沙。河流中泥沙的状况受各种自然地理因素、人类活动及河流自身情况的综合影响。

河流中的泥沙按其运动状态可分为推移质和悬移质两大类。推移质也称底沙，其在水流作用下沿河底滚动、滑行和跳跃前进，这类泥沙一般粒径较粗，通常只占河流总泥沙的 5%～10%，但对河床演变起着重要作用。悬移质也称悬沙，是悬浮于河水中随水流浮游前进的泥沙。推移质和悬移质的区别并不是绝对的。同样的泥沙在水流较急时可表现为悬移质，在水流较缓时可以表现为推移质。

因此，河流泥沙的运动，实际上是水流与河床之间的互相作用。水流冲刷河床，引起河床的变化；河床限制水流，引起水流的变化，水流的变化导致水流挟沙能力的不同，继而又造成河床的冲刷与淤积。河床和水流就这样相互影响、相互制约。

在选择取水构筑物的位置时，必须充分考虑河流的泥沙运动和河床演变。一般都将取水构筑物选在河床稳定的河段，如果是弯曲河段，则应设在凹岸，此处岸陡水深，泥沙不易淤积，水质较好，但也应避开凹岸主流的顶冲点。

3）河床的岩性、稳定性

取水构筑物的位置一般应选在河岸稳定、岩石露头、未风化的基石上，或其他地质条件较好的河床处。尽可能不选在不稳定的岸坡，也不能选在淤泥、流沙层和岩溶的地区，否则应采取可靠的保护措施。

4）河流冰冻情况

北方地区的河流在冬季会封冻。河流所处纬度不同，冰冻期长短不同，冰冻过程会使河流的正常径流遭到破坏而影响取水构筑物的运行安全，如流冰及碎冰屑会黏附于取水口，使取水口堵塞；冰盖及其厚度的不同会影响取水构筑物的形式等，因此在北方河流选择取水构筑物时，要详细了解河流冰冻情况，仔细考虑它们对取水构筑物的影响。

5）水工构筑物和天然障碍物

河道中常存在天然障碍物，也常建有各种水工构筑物，它们都会引起河流中水流及河床形态的变化。在选择取水构筑物的位置与形式时，必须考虑已有水工构筑物和天然障碍物的影响。

2. 地表水取水构筑物的分类

地表水取水构筑物的类型有很多，按构造形式一般分为三类，即固定式取水构筑物、移动式取水构筑物和山区浅水河流取水构筑物[9]。

1）固定式取水构筑物

固定式取水构筑物按取水点的位置分为岸边式、河床式和斗槽式。

直接从江河岸边取水的构筑物称为岸边式取水构筑物，由进水间和泵房两部分组成。该构筑物适用于岸边较陡，主流近岸，岸边有足够水深，水质和地质条件较好，水位变幅不大的情况。进水间和取水泵可以合建也可以分建，合建的优点在于布局紧凑、总建造面积较小、水泵的吸水管路短、运行安全、管理维护方便，有利于实现泵房自动化。分建式岸边取水构筑物是将岸边集水井与取水泵站分开建立，对取水适应性较强，应用灵活。

利用伸入江河中心的进水管和固定在河床上的取水头部进行取水的构筑物称为河床式取水构筑物。河床式取水构筑物由取水头部、进水管、集水间和泵房等部分组成。这种取水构筑物适用于岸坡平缓、主流离岸较远、岸边缺乏必要的取水深度或水质不好的情况。

斗槽式取水构筑物是在岸边式或河床式取水构筑物之前，在河流岸边用堤坝围成，或在岸内开挖形成进水斗槽，以加深取水深度，同时可起到预沉淀作用的构筑物。它一般由岸边式取水构筑物和斗槽组成，适用于河流取水量大或泥沙量大、冰凌严重的情况。

2）移动式取水构筑物

移动式取水构筑物可分为浮船式和缆车式。

浮船式取水构筑物主要由船体、水泵机组及水泵压水管与岸上输水管之间的连接管组成。它没有复杂的水下工程，也没有大量的土石方工程，船体可由造船厂制造，也可现场预制。它具有投资小、施工期短、见效快、水下工程量小、对水源水位变化适应性强、便于分期建设的优点。但缺点是维护管理复杂，易受水流、风浪、航运的影响，取水可靠性差。适用于水源水位变幅大且中小取水量的情况，多用于江河、水库和湖泊取水。

缆车式取水构筑物是建造于岸坡上吸取江水或水库表层水的取水构筑物。主要由泵车、坡道、输水管及牵引设备组成，其中泵车可通过牵引设备随水位涨落沿坡道上下移动。它具有供水可靠、施工简单、水下工程量小、投资较少等优点。对于水位涨落幅度较大且水流速度及风浪较大等情况，选用浮船有困难时常选用缆车式取水构筑物。

3）山区浅水河流取水构筑物

山区河流通常属河流上游段，河狭流急，流量和水位变化幅度大，因此适于山区浅水河流的取水构筑物有自己的特点。这一类取水构筑物有低坝式和底栏栅式。主要目的都是抬升水位，便于取水。

低坝式取水构筑物一般由拦河坝、引水渠及岸边式取水构筑物组成。其中拦河坝又分为固定式（通常用混凝土或砌石筑成）和活动式（如橡胶坝、水力自动翻板闸、浮体闸等）。适用于枯水期流量小，水层浅薄，不通航，不放筏，且推移质不多的小型山溪河流。

底栏栅式取水构筑物由底栏栅、引水廊道、闸阀、冲砂室、溢流堰、沉砂池等组成。适于河床较窄，水深较浅，河底纵向坡降较大，大颗粒推移质特别多的山溪河流。

取水构筑物是水资源开发利用工程的一个重要组成部分。取水以后还需要根据用水的要求对水量进行调配和对水质进行处理。水经使用后溶入或挟带了各类杂质，成了废水和污水，在它们被排入地表或地下水体前也应对水质进行处理。从广义的角度上说，水量调配和水质处理（用水处理和废水处理）都是水资源开发利用工程的一部分。

2.2.3 地下水取水工程

1. 地下水的形式

地下水这一名词有广义与狭义之分。广义的地下水是指赋存于地面以下岩土空隙中的水，包括包气带及饱水带中所有含于岩石空隙中的水。狭义的地下水仅指赋存于饱水带岩土空隙中的水。

地下水按其物理学性质可分为毛细水（毛细水是指受到水与空气界面处表面张力作用的自由水）和重力水（当土壤水分超过田间持水量时，多余的水分子不能被毛管所吸收，就会受重力的作用沿土壤的大孔隙向下渗透，这部分受重力支配的水称为重力水）。地下水根据含水介质（赋存空间）可分为孔隙水、裂隙水和岩溶水。地下水根据埋藏条件（赋存部位）可分为包气带水（包气带水指处于地面以下潜水位以上的包气带岩土层中的水，包括土壤水、沼泽水、上层滞水及基岩风华壳中季节性存在的水）、潜水（指埋藏在地表以下、第一层较稳定的隔水层以上、具有自由水面的重力水）和承压水（指充满于两个隔水层之间的含水层中的重力水）。

地下水存在于土层和岩层中。各种土层和岩层有不同的透水性。卵石层、砂层和石灰岩等，组织松散，具有众多的相互连通的孔隙，透水性较好，故这些岩层称为透水层。黏土和花岗岩等紧密岩层，透水性极差甚至不透水，称为不透水层。若透水层下面有一层不透水层，则在这一透水层中就会积聚地下水，故透水层又称为含水层。不透水层则称为隔水层。地层构造往往是由透水层和不透水层彼此相间构成，它们的厚度和分布范围各地不同。埋藏在地面下第一个隔水层上的地下水为潜水。潜水主要靠雨水和河流等地表水下渗而补给。多雨季节，潜水面上升；干旱季节，潜水面下降。我国西北地区气候干旱，潜水埋藏较深，达 $50\sim80\mathrm{m}$；南方潜水埋深较浅，一般在 $3\sim5\mathrm{m}$。

地表水和潜水相互补给。地表水位高于潜水面时，地表水补给地下潜水，相反则潜水补给地表水。

层间水常指埋藏于两个不透水层之间的地下水。在同一地区,可同时存在几个层间水或含水层。若层间水存在于自由水面,则称其为无压含水层;若层间水有压力,则称其为承压含水层。打井时,若承压含水层中的水喷出地面,则称其为自流水。在适当地形下,在某一出口处涌出的地下水称为泉水。泉水分为自流泉和潜水泉,前者由承压地下水补给,其涌水量稳定、水质好。

地下水在松散岩层中流动称为地下径流。地下水的补给范围称为补给区。抽取井水时,补给区内的地下水都向水井方向流动。地下水流动需具备两个条件:岩层透水性和水位差。前者以渗透系数表达,后者以水力坡度表达。地下水流速取决于地层渗透系数和水力坡度,达西定律即表达了这种关系。当地下水流向正在抽水的水井时,其流态也可分为稳定流和非稳定流、平面流和空间流、层流与紊流或混合流等几种情况。

2. 地下水水源地的选择

水源地的选择,对于大中型集中供水而言,关键是确定取水地段的位置与范围;对于小型分散供水而言,则是确定水井的井位。水源地的选择不仅关系到水源地建设的投资,而且关系到是否能保证水源地长期经济、安全地运转和避免产生各种不良环境地质作用[10]。水源地的选择是在地下水勘察的基础上,由有关部门批准后确定的。

1)集中式供水水源地的选择

进行水源地的选择,首先要考虑的是能否满足需水量的要求,其次是它的地质环境与利用条件。

(1)水源地的水文地质条件。取水地段含水层的富水性与补给条件是地下水水源地的首选条件。因此,应尽可能选择在含水层层数多、厚度大、渗透性强、分布广的地段上取水。在此基础上,应进一步考虑其补给条件。取水地段应有较好的汇水条件,应是可以最大限度拦截区域地下径流的地段;或接近补给水源和地下水的排泄区;应是能充分夺取各种补给量的地段。

(2)水源地的地质环境。在选择水源地时,要从区域水资源综合平衡观点出发,尽量避免出现新旧水源地之间、工业与农业用水之间、供水与矿山排水之间的矛盾。也就是说,新建水源地应远离原有的取水或排水点,减少互相干扰。

(3)水源地的经济性、安全性和扩建前景。在满足水量、水质要求的前提下,为节省建设投资,水源地应靠近供水区,少占耕地;为降低取水成本,应选择在地下水浅埋或自流地段;河谷水源地要考虑水井的淹没问题;人工开挖的大口径取水工程,则要考虑井壁的稳固性。当有多个水源地方案可供比较时,未来扩大开采的前景条件也常常是必须考虑的因素之一。

2）小型分散式水源地的选择

以上集中式供水水源地的选择原则，对于基岩山区裂隙水小型水源地的选择（或单个取水井的定位），也基本上是适合的。但在基岩山区，由于地下水分布极不普遍和均匀，水井的布置将主要取决于强含水裂隙带的分布位置。此外，布井地段的地下水位埋深、上游有无较大的补给面积、地下水的汇水条件及夺取开采补给量的条件也是确定基岩山区水井位置时必须考虑的条件。

3. 地下水取水构筑物

用于开采地下水的取水构筑物有很多，如各种类型的管井、水平集水管与渗渠（包括坎儿井）、大口井、复合井与辐射井等。它们因水文地质条件、施工方法、抽水设备、材料不同而有各种各样的构造[11]。

1）管井

管井又称机井，指用凿井机械开凿至含水层中，用井管保护井壁，垂直地面的直井。管井能用于各种岩性、埋深、含水层厚度和多层次含水层，其是地下水取水构筑物中应用最为广泛的一种形式。管井按揭露含水层的类型划分，有潜水井和承压井；按揭露含水层的程度划分，有完整井和非完整井（图2-3）。管井直径一般为50～1000mm，井深可达1000m以上。管井常用直径大多小于500mm，井深也不超过200m。

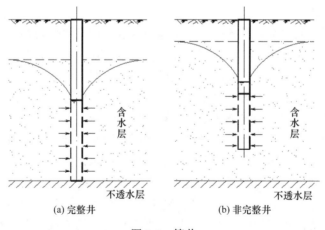

(a) 完整井　　　　　　　　(b) 非完整井

图2-3　管井

　　常见的管井构造由井室、井壁管、过滤器及沉淀管所组成（图 2-4）。当有几个含水层，且各层水头相差不大时，可用如图 2-4（b）所示的多层过滤器管井。当抽取结构稳定的岩溶裂隙水时，管井也可不装井壁管和过滤器，仅在上部覆盖层和基岩风化带设护口井管。此外在有坚硬覆盖层的砂质承压含水层中，也可采用无过滤器管井。

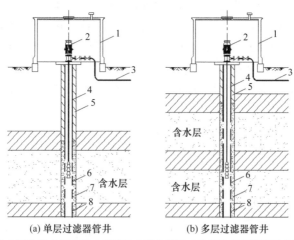

(a) 单层过滤器管井　　　　　(b) 多层过滤器管井

1-井室; 2-深井泵; 3-压水管; 4-井壁管; 5-黏土封闭; 6-过滤器; 7-规格填砾; 8-沉淀管

图 2-4　管井的一般构造

　　规模较大的地下水取水工程需要建造由多个井组成的取水系统，即井群。由于每个井之间相互影响，在水位下降值不变的条件下，井群共同工作时每个井的出水量小于单井单独工作时的出水量。而在出水量不变的条件下，井群共同工作时每个井的水位下降值大于单井单独工作时的水位下降值。因此，在设计井群取水工程时应考虑这种互相干扰。

2）大口井

　　大口井因其直径较大而得名，是广泛用于开采浅层地下水的取水构筑物。一般井径大于 1.5m 即可视为大口井，常用大口井直径为 5～8m，最大不宜超过 10m，井深一般在 15m 以内。农村或小型给水系统有采用直径小于 5m 的大口井，城市或大型给水系统有采用直径大于 8m 的大口井。大口井有完整式和非完整式之分，完整式大口井贯穿整个含水层，只有井壁进水，适用于颗粒粗、厚度薄（5～8m）、埋深浅的含水层，因为井壁进水孔容易被堵塞，从而影响进水效果，所以较少被采用。在浅层含水层厚度较大（大于 10m）时，应建造不完整大口井，井身未贯穿整个含水层，因而壁和井底均可进水，进水范围大，集水效果好，调节能力强，因此不完整大口井是较为常用的井型。

大口井具有构造简单、取材容易、施工方便、使用年限长、容积大、调节水量等优点，在中小城镇、农村供水应用较广。但大口井深度浅，对潜水水位变化适应性差，采用时必须注意地下水水位变化。

3）水平集水管与渗渠

水平集水管和渗渠都是水平式取水构筑物。水平集水管一般只用于集取地下水，而渗渠则可部分或全部集取地表水。在不特别区分的情况下，将它们统称为渗渠。渗渠的直径或断面尺寸为 200～1000mm，常用 600～1000mm，长度为几十到几百米（少数渗渠的断面或长度可能很长，如坎儿井）。埋深一般为 5～7m，最大不超过 8～10m。渗渠出水量一般为 10～30m³/(m·d)，最大可达 50~·100m³/(m·d)。

渗渠系统的基本组成部分有水平集水管（渠）、集水井和泵站。另外，通常每隔 50～100m 需要设检查井，有时为了截取河床地下水还需建造相应的潜水坝。

4）复合井与辐射井

复合井是由非完整大口井与不同数量的管井组合而成，各含水层的地下水分别被大口井和管井集取并同时汇集于大口井井筒（图 2-5）。复合井适用于含水层较厚、地下水位较高，单独采用大口井或管井不能充分开发利用含水层的情况[12]。

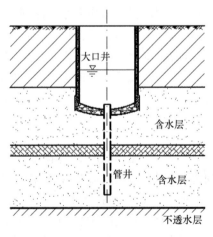

图 2-5　复合井

辐射井是由大口井和辐射管复合而成的（图 2-6），通常分为非完整式大口井与辐射管的组合和完整式大口井与辐射管的组合。另外，还有由集水井与水平或倾斜集水管组成的，地下水全部由集水管集取，集水井只起汇集来水的作用。集水管径一般为 100～250mm，管长为 10～30m，集水井直径不小于 3m，深一般为 10～30m。由于扩大了进水面积，辐射井的单井出水量较大，一般为 5000～50000 m^3/d，甚至高达 10 万 m^3/d。

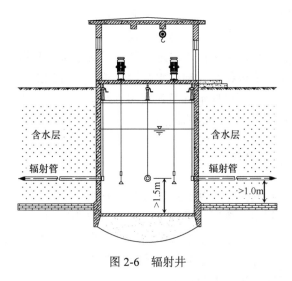

图 2-6 辐射井

2.3 水资源的保护

水是人类社会进步、经济发展的必要物质基础。长期以来，人们对水资源的认识存在误区，认为水是取之不尽、用之不竭的廉价资源。无序的掠夺性开采与不合理利用现象十分普遍，由此产生了一系列水及与水资源有关的环境、生态和地质灾害问题，严重制约了工业生产发展和城市化进程，威胁着人类的健康和安全。目前，在水资源开发利用中表现出水资源短缺、生态环境恶化、地质环境不良、水资源污染严重、"水质型"缺水显著、水资源浪费巨大等问题。针对这些问题，必须采取措施，加强水资源的保护与管理，实现水资源的良性循环和可持续利用。水资源保护的目的是使水资源保持其应有的供水潜力，从而可持续地提供人类所需的用水量，而不是仅仅满足一时的需要。

2.3.1 水资源保护的目的

水资源保护的目的可归纳为以下几个方面[1]。

（1）保持水资源系统生态健康。生态健康（ecosystem health）是指一个生态系统（水资源系统实际上就是一个复杂的生态系统）具有旺盛的活力（vigor）、健全的组织（organization）、很强的恢复力（resilience），从而能提供良好的服务（service）。

对于水资源系统来说，其活力体现在水文循环运动上，组织体现在环境构成上，恢复力体现在水量和水质的自我维持上，而服务功能体现在作为水体能提供的直接和间接利用条件上。一个健康的水资源系统是一个生态环境协调的系统。

（2）提高水资源的利用率。通过水资源保护与管理，可以达到的另一个重要目的就是水资源利用率的大幅度提高，不仅包括通过水资源的科学、合理地开发对水资源利用率的提高，也包括用水过程的管理对水资源利用率的提高。

（3）保证社会经济可持续发展。水资源保护与管理的最终目标是保证社会经济的可持续发展，一方面包括水资源开发的可持续性，另一方面包括通过水资源利用所持续创造的社会经济价值的提高。

2.3.2 水资源保护的内容

水资源保护的研究内容主要包括以下几个方面。

（1）合理配置利用水资源。进行以流域为单位的江河综合开发利用规划，建立水资源保护区，全面规划、统筹兼顾、综合利用，开展水土保持，防治水土流失，植树造林补充水源，避免水源枯竭及过量开采，兼顾环境保护要求和改善生态环境的需要，兼顾下游合理配置用水。

（2）流域污染控制与治理。积极开展流域水污染的治理工作，包括点源治理、面源治理（农田退水及水产养殖）和内源污染（底泥沉积物）治理。实行排污总量控制，减少污水和废水的生成量，处理生活污水和工业废水，控制其向自然水体的排放标准，保护水环境质量。防治污染和其他公害，维持水质良好状态，减少和消除有害物质进入水环境。

（3）加强监测和信息收集。通过对定点和河段有关水量与水质变化的监测，加强水质的监测、评价与预测工作，及时掌握水质状况，建立水量和水质资料的数据库系统，为水源保护和综合利用提供科学依据。

（4）建立和健全有关法规。通过行政、法律、技术、经济等措施合理开发利用水资源，保护水资源的质量和数量，防止水体污染、水源枯竭、水流阻塞和水土流失，加强对水污染防治的监督和管理，以满足经济社会持续发展对水资源的需求。

（5）制定水污染防治的法规和标准，依照经济规律，加强领导管理，依法治理污染；特别是要继续加强对工业污染源的治理，同时也要加快城市污水处理厂的建设，采取集中处理方式，提高处理效果。

（6）提高工农业用水效率。积极推行清洁生产，发展循环利用和重复利用技术，减少废水的排放量。

2.4　水资源的管理

水资源管理是指运用法律、行政、工程、经济、技术、教育等手段，依据水资源自然循环规律和综合承载能力，对开发、利用、保护水资源与防治水害等涉水的行为进行调整、规范，合理开发利用水资源，协调水资源的开发利用与社会经济发展之间的关系，处理各地区、各部门间的用水矛盾；监督并限制各种危害水资源的行为；保护水资源的水量及水质供应，以满足社会实现可持续经济发展对水资源的要求。水资源管理的目的是使开发与利用有序地进行，以最大限度、科学有效地利用水资源。

2.4.1　水资源管理的原则

水资源紧缺问题日益突出，而人类社会和经济的发展又极大地依赖水资源的数量和质量，只有加强对水资源的管理才是正确的出路。水资源管理必须遵循以下基本原则。

1. 人与自然和谐共处的原则

在水资源管理中既要适当地控制洪水，开发利用水资源，改造自然，又要规范人类自身的活动，顺应自然规律，主动地适应洪水，积极保护水资源，协调人与自然的关系。任何一项水利工程建设都要考虑其生态安全性，其本质都应该是生态工程。要约束各种不顾后果、破坏生态环境、过度开发利用水资源的行为。从向大自然无节制地索取转变为按照自然规律办事、人与自然和谐相处；从防止水对人类的侵害转变为在防止水对人类侵害的同时，特别注意防止人类对水的侵害。

2. 可持续利用的原则

要统筹考虑水资源的开发、利用、节约、配置、治理和保护，逐步减少和消除影响水资源可持续利用的生产和消费方式，建立节水防污型社会，开源与节流并举，节流优先，治污为本，实现水资源的合理开发、优化配置、高效利用和有效保护。

3. 经济社会与生态效益相统一的原则

经济社会的发展要与水资源的承载能力、水环境的承载能力相统一。水资源的配置，既要考虑生产用水、生活用水，又要考虑生态、环境用水；既要确保水资源社会效益、生态效益的充分发挥，又要引入市场竞争机制，降低水资源管理成本，提高水资源的经济效益。

2.4.2　水资源管理的内容

水资源管理的内容主要包括以下几个方面[13]。

（1）水资源量的管理。研究水资源量的管理方法，主要涉及水资源可利用量或可利用潜力的科学评价，需水量的计算与预测方法。除农业、工业、生活需水量外，以生态环境保护为目的的环境与生态用水也是需水量研究的重要内容。通过正确把握可供利用的水资源量和供水地区的需水量，合理地制定水资源开发与利用规划。

（2）水资源质的管理。研究水源水质的保护与管理方法，主要涉及水体污染源、污染物和污染途径的研究，根据水资源的功能分区和水环境质量标准，进行水质评价。以水质达标为目的，研究水资源的保护技术，包括水资源的生态保护技术和污染源控制技术。

（3）水资源综合利用。研究水资源综合利用技术，增加水源水从取水到最终排入自然界这一过程中水的利用次数，以降低取水量。污水再生利用是水资源综合利用的重要途径。推广节水技术，包括农业灌溉节水、工业节水和生活节水技术。

（4）水资源经济管理。研究水资源的经济管理技术，尤其是水价管理技术。合理的水价是实行科学用水、解决水资源不足的重要措施，要建立合理的水资源价格体系，达到利用水价经济杠杆调节水资源供需矛盾的目的。

（5）水资源管理信息化。研究信息技术在水资源管理中的应用，面向可持续发展的目标，及时收集、处理大量的信息，运用系统论、信息论、控制论和计算机技术，建立水资源管理信息系统。

2.4.3　水资源管理的措施

水资源管理的措施可归纳为以下几个方面。

（1）行政措施。建立和健全水资源管理的行政机构，编制区域、流域、水域各种水资源保护和利用的规划，统筹安排水资源的合理分配；监督管辖区内的各种水污染源按照污染物总量控制的要求，落实污染治理措施，实现污染物达标排放；通过各种宣传、教育手段唤起全社会的水忧患意识，推动公众参与。

（2）法律措施。制定国家、地区、流域的水资源保护法规、政策和各种有关标准；建立和健全相应的执法机构和人员，保证法律措施的顺利执行。

（3）经济措施。依据经济规律，制定水资源利用费、排污费等收费制度，运用经济杠杆，调动全社会节水及保护水资源的积极性。

（4）技术措施。建立和完善水资源监测系统，进行水量水情的长期监测，实行排污监督；建立废水处理系统，发展高效、经济的处理技术，杜绝或减少污染物向水体的排放；建立废水资源化利用系统（包括企业内部、企业之间和水系流域），通过废水处理，实现回用、再用和一水多用，把废水作为水资源的一个重要组成部分。

参 考 文 献

[1]　王晓昌，张荔，袁宏林. 水资源利用与保护. 北京：高等教育出版社，2008.

[2]　何俊仕. 水资源概论. 北京：中国农业大学出版社，2006.

[3]　李圭白，蒋展鹏，范瑾初，等. 城市水工程概论. 北京：中国建筑工业出版社，2002.

[4]　李四林. 水资源危机：政府治理模式研究. 武汉：中国地质大学出版社，2012.

[5]　《地球上的水资源》编写组. 地球上的水资源. 北京：世界图书北京出版公司，2010.

[6]　许有鹏，等. 城市水资源与水环境. 贵阳：贵州人民出版社，2003.

[7]　薛惠锋，程晓冰，乔长录，等. 水资源与水环境系统工程. 北京：国防工业出版社，2008.

[8]　陈惠源，万俊. 水资源开发利用. 武汉：武汉大学出版社，2001.

[9]　胡振鹏，傅春，金腊华，等. 水资源环境工程. 南昌：江西高校出版社，2003.

[10]　周金全. 地表水取水. 北京：中国建筑工业出版社，1986.

[11]　李广贺. 水资源利用与保护. 北京：中国建筑工业出版社，2002.

[12]　任树梅. 水资源保护. 北京：中国水利水电出版社，2003.

[13]　林辉. 环境水利与水资源保护. 北京：中国水利水电出版社，2001.

阅读材料

材料 1　南水北调工程

1. 工程背景

南水北调工程是缓解我国北方水资源严重短缺局面的重大战略性工程。南水北调工程通过跨流域的水资源合理配置，大大缓解了我国北方水资源严重短缺问题，促进了南北方经济、社会与人口、资源、环境的协调发展。南水北调工程分东线、中线、西线三条调水线，到 2050 年规划调水总规模为 448 亿 m^3，其中东线 148 亿 m^3、中线 130 亿 m^3、西线 170 亿 m^3，整个工程根据实际情况分期实施。西线工程在最高的青藏高原上，地形上可以控制整个西北和华北地区，因长江上游水量有限，只能为黄河上中游的西北地区和华北部分地区补水；中线工程从长江支流汉江中上游湖北丹江口水库引水，可自流供水（由水电站自然水头来保证供水系统水压的供水方式）给黄淮海平原大部分地区；东线工程位于最东部，因地势低需要抽水北送。

2. 工程概况

通过三条调水线路与长江、黄河、淮河和海河四大江河的联系，构成以"四横三纵"为主体的总体布局，以利于实现我国水资源南北调配、东西互济的合理配置格局。

1）东线工程

南水北调东线工程的起点在长江下游的江苏江都区，终点在天津。东线工程是指从江苏扬州江都水利枢纽提水，途经江苏、山东、河北三省，向华北地区输送生产、生活用水。东线工程供水范围涉及江苏、安徽、山东、河北、天津五个省市，目的是缓解五个省市水资源短缺的状况。东线主体工程由输水工程、蓄水工程、供电工程三部分组成。利用江苏省已有的江水北调工程，逐步扩大调水规模并延长输水线路。东线工程从长江下游的扬州抽引长江水，利用京杭大运河及与其平行的河道逐级提水北送，并连接起调蓄作用的洪泽湖、骆马湖、南四湖、东平湖。出东平湖后分两路输水：一路向北，在位山附近经隧洞穿过黄河；另一路向东，通过胶东地区输水干线向南输水到烟台、威海。东线工程开工最早，于 2002 年 12 月开工。

2）中线工程

南水北调中线工程，即从长江最大支流汉江中上游的丹江口水库渠引水，经长江流域与淮河流域的分水岭河南方城垭口，沿唐百河流域华北平原中西部边缘开挖渠道，在河南郑州荥阳市通过隧道穿过黄河，沿京广铁路西侧北上，自流到北京颐和园团城湖的输水工程，重点解决河南、河北、北京、天津四个省市沿线二十多座大中城市的生产、生活和农业用水。中线工程于 2003 年 12 月 30 日开工，2014 年 12 月 12 日正式通水。南水北调中线工程中，陶岔渠首、方城垭口、郑州穿黄、进京水道并称为中线工程中四个关键的工程环节。

3）西线工程

在长江上游通天河、支流雅砻江和大渡河上游筑坝建库，开凿穿过长江与黄河的分水岭巴颜喀拉山的输水隧洞，调长江水入黄河上游。西线工程的供水目标主要是解决青海、甘肃、宁夏、内蒙古、陕西、山西等 6 个省（自治区）黄河上中游地区和渭河关中平原的缺水问题。结合兴建黄河干流上的骨干水利枢纽工程，还可以向邻近黄河流域的甘肃河西走廊地区供水，必要时也可及时向黄河下游补水。该线工程地处青藏高原，海拔高，地质构造复杂，地震烈度大，且要修建 200m 左右的高坝和长达 100km 以上的隧洞，工程技术复杂，耗资巨大，现仍处于可行性研究的过程中，还未开工建设。

3. 工程影响

南水北调工程全部实施后，将缓解调入地区水资源紧缺的矛盾，促进其社会积极发展，改善城乡居民的生活供水条件和地区的生态环境，将产生巨大的社会经济与生态效益。但是，也可能带来一些环境问题：长江径流减少，会引起海水上溯，河口盐度升高，影响长江下游水质；调水可能会对江淮地区的水生生物带来不利的影响；由于东线工程范围内地势低洼，地下水位较高，天然排水条件较差，调水后土壤容易发生盐碱化。

材料 2　滇池水污染治理

滇池位于昆明市南端，是我国著名的高原淡水湖泊，被誉为高原明珠。滇池具有城市供水、工农业用水、调蓄、防洪、旅游、水产养殖等多种功能，是昆明生存和发展的基础,对昆明市乃至云南省社会经济发展起着至关重要的作用。

1. 污染状况

滇池水体污染从20世纪70年代中后期开始,到90年代富营养化越来越严重。造成滇池水质污染的原因:一是滇池位于昆明城区下游,是昆明地区海拔最低地带;二是城市和乡村生活污水与工业废水大量排入滇池;三是滇池环湖地带城镇化发展迅速;四是滇池属于半封闭性湖泊,缺乏充足和干净的河流水进行置换;五是在自然演化过程中,湖面逐渐变小,湖床变浅,内源污染物堆积,污染严重。综上,除了外源污染(伴生于流域水循环过程的入湖污染物沉降和积累)之外,内源污染也是一个不容忽视的因素。由于滇池长期处于富营养化状态,湖底被一层厚厚的底泥所覆盖,它所含有的腐殖质和有机质也成了水体的污染源之一。

2. 治理历程

云南省政府重视对滇池水污染的各项防治工作,实施有关重点工程,在制度上保障滇池水污染综合整治。"九五""十五"期间,滇池治理以工程措施为主,工程内容主要为工业污染治理和城镇污水厂建设;"十五"期间工程内容扩展到截污工程和生态修复,但并未从根本上解决滇池的水污染问题。"十一五"期间,提出以"六大工程"为主线的综合治污思路,全面实施"环湖截污、农业农村面源治理、生态修复与建设、入湖河道整治、生态清淤等内源污染治理、外流域引水及节水"六大工程。"十二五"期间,进一步对"六大工程"进行提升和完善。"环湖截污工程"主要包括片区、集镇、村庄、河道、干渠(管)截污系统建设;"农业农村面源治理工程"主要包括村庄"三池"建设、测土配方、秸秆粪便综合利用、综合害虫管理(integrated pest management,IPM)技术等;"生态修复与建设工程"主要包括湖滨湿地、林地、水源涵养林建设、"五采区"植被恢复、水土流失整治;"入湖河道整治工程"主要指河道堵口查污、铺设截污管道、河道清淤、绿化;"生态清淤等内源污染治理工程"主要指底泥疏浚;"外流域引水及节水工程"主要指饮用水源调配、滇池生态用水补给、再生水利用、雨水利用。

在实施一系列重大环保项目工程的同时,地方政府不断健全滇池治理的法规政策体系和监督管理体系，加大滇池流域的综合整治力度。昆明市相继成立了滇池管理局、滇池管理综合行政执法局、滇池流域水环境综合治理指挥部、滇池北岸水环境综合整治工程管理局，统筹协调滇池治理过程中各部门的相关工作。为适应滇池流域的水环境保护，对滇池流域主要入湖河流施行"河（段）长负责制"，将入湖河流的管理和治理工作落实到各级行政领导，实行分段监控、分段管理、分段考核、分段问责，极大地调动了各方力量综合整治滇池入湖河流。

3. 治理成效

近年来，随着滇池流域污染治理力度不断加大，污染削减能力不断增强，污染物入湖总量占污染物产生总量的比例持续下降，由 1995 年的 95%以上下降至 2005 年的 50%左右，2013 年达到了 30%以下，治理成效显著。通过努力，2016 年滇池外海和草海富营养化水平进一步减轻，全湖为中度富营养（其中1～6 月为轻度富营养），蓝藻水华程度明显减轻，全湖由重度水华向中度、轻度水华过渡，发生蓝藻水华的总天数大幅度减少。滇池外海和草海水质类别均由劣Ⅴ类提升为Ⅴ类，实现了近 20 年来的首次突破，滇池水质持续改善。"十三五"期间，滇池治理将重点围绕完善截污治污体系、构建健康水循环、修复流域生态环境、深化产业结构调整、加强科技支撑等方面开展。

材料 3　英国泰晤士河污染治理思路

泰晤士河全长 402km，流经伦敦市区，是英国的母亲河。19 世纪以来，随着工业革命的兴起，河流两岸人口激增，大量的工业废水、生活污水未经处理直排入河，沿岸垃圾随意堆放。1858 年，伦敦发生"大恶臭"事件，政府开始治理河流污染。目前，泰晤士河水质已完全恢复到了工业化前的状态。

通过立法严格控制污染物排放。20 世纪 60 年代初，政府对入河排污做出了严格的规定，企业废水必须达标排放，或纳入城市污水处理管网。企业必须申请排污许可，并定期进行审核，未经许可不得排污。定期检查，起诉、处罚违法违规排放等行为。

修建污水处理厂及配套管网。1859 年，伦敦启动污水管网建设，在南北两岸共修建七条支线管网并接入排污干渠，减轻了主城区河流污染，但并未进行处理，只是将污水转移到海洋。19 世纪末以来，伦敦市建设了数百座小型污水处理厂，并最终合并为几座大型污水处理厂。1955~1980 年，流域污染物排污总量减少约 90%，河水溶解氧浓度提升约 10%。

从分散管理到综合管理。自 1955 年起，逐步实施流域水资源水环境综合管理。1963 年颁布了《水资源法》，成立了河流管理局，实施取、用水许可制度，统一水资源配置。1973 年《水资源法》修订后，全流域 200 多个涉水管理单位合并成水务局，统一管理水处理、水产养殖、灌溉、畜牧、航运、防洪等工作，形成流域综合管理模式。1989 年，随着公共事业民营化改革，水务局转变为泰晤士水务公司，承担供水、排水职能，不再承担防洪、排涝和污染控制职能；政府建立了专业化的监管体系，负责财务、水质监管等，实现了经营者和监管者的分离。

加大新技术的研究与利用。早期的污水处理厂主要采用沉淀、消毒工艺，处理效果不明显。20 世纪五六十年代，研发活性污泥法处理工艺，并对尾水进行深度处理，出水生化需氧量(biochemical oxygen demand, BOD)为 5~10mg/L，处理效果显著，成为水质改善的根本原因之一。泰晤士水务公司近 20%的员工从事研究工作，为治理技术研发、水环境容量确定等提供了技术支持。

充分利用市场机制。泰晤士河水务公司经济独立、自主权较大，其引入市场机制，向排污者收取排污费，并发展沿河旅游娱乐业，多渠道筹措资金。仅1987~1988 年，总收入就高达 6 亿英镑，其中日常支出 4 亿英镑，上交盈利 2亿英镑，既解决了资金短缺难题，又促进了社会发展。

第 3 章　水处理系统概述

3.1　给水处理系统

3.1.1　过滤技术的发展历史

给水处理的中心环节是水的过滤。最早的集中式给水处理采用的是慢滤池（slow sand filter），它出现于 19 世纪初期，最先在英国得到大规模应用[1]。慢滤池使用细砂作为滤料，滤速在 2～5m/d。由于滤速低，滤料间孔隙细，水中悬浮物在滤层中能得到有效去除。与此同时滤料表层有大量微生物繁殖，形成很厚的生物滤膜，称为 Schmutzdecke。这种生物滤膜不仅对水中的有机物、色度和其他杂质有很好的生物降解作用，而且对水中的微生物、细菌甚至病毒也有很好的去除作用。研究结果表明，慢滤池出水浊度通常在 1.0 NTU 以下，对大肠菌群的去除率为 90%～99.9%，肠道病毒的去除率为 99%～99.99%，总有机碳的去除率为 15%～25%，生物可降解有机碳的去除率可达 50%，三卤甲烷的去除率可达 25%。虽然当时人们并未从科学的角度认识到慢滤池对污染物的良好去除作用，但在 19 世纪中期和末期英国和欧洲其他国家霍乱、痢疾等水系传染病大流行时，使用经慢滤池处理的水作为饮用水的地方，疾病的感染率和死亡率都远低于其他地方。这一事实使人们认识到了水处理的重要性，为此，1852 年伦敦通过的法案明确规定所有饮用水必须经过滤处理后才能使用。

慢滤技术虽然处理水质好，但处理效率低，这是其最大的弱点。因此，该技术在 1870 年左右传到美国后，仅仅经过 20 年的时间，美国人就对过滤技术进行了大的革新，使用较粗的砂粒，即所谓的滤料，使滤速从 2～5m/d 增大到 200m/d，这就是现在广泛用于水和废水处理的快滤池（rapid sand filter）。用慢滤池进行水处理无须投加任何药剂，主要靠物理和生物作用去除水中的杂质，但快滤池由于滤料粗、孔隙大，只有对原水预先投加药剂，进行混凝或混凝沉淀处理之后，才能达到较好的过滤去除效率。所以在发明快滤池的同时，美国人还把硫酸铝作为水处理的混凝剂。快滤池对杂质的去除是一种物理化学作用，因此它对细菌和病毒等微生物的去除效率远比慢滤池低。为了保证饮用水的水质，1908 年氯消毒技术也在美国得到应用。从那时起，以快滤池为中心，并包括混凝沉淀作为前处理（pre-treatment）和消毒作为后处理（post-treatment）的处理流程就成为给水处理技术的主流，称为快滤流程（rapid sand filtration process）。

慢滤池虽然处理效率低，但无须使用化学药剂即可达到良好的处理水质，这一特点至今仍得到水处理界的关注。在用地条件允许的情况下，慢滤池仍不失为一种可取的水处理技术。尤其是近年来水中微量污染物的问题和氯消毒副产物的问题越来越引起人们的重视，在欧洲，一些国家又开始考虑将慢滤池作为一种深度水处理技术。

3.1.2 常规快滤给水处理系统

以地表水为水源的给水处理通常采用快滤处理系统，处理的对象主要是水中的浊度和细菌病毒等微生物[1]，其系统构成如图 3-1 所示。

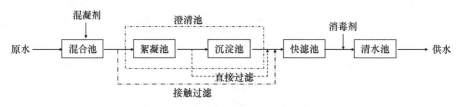

图 3-1 常规快滤给水处理流程

在图 3-1 中，快滤池是处理流程的中心环节。其他处理环节的作用可简要归纳如下。

混合池（mixing basin）：运用水力或机械搅拌条件使投加到水中的混凝剂均匀混合，水中以黏土为代表的胶体颗粒充分脱稳。

絮凝池（flocculation basin）：通过水力或机械搅拌提供脱稳胶体颗粒间碰撞结合的能量，形成可沉淀或过滤去除的絮凝体（flocs）。混合和絮凝过程又统称为混凝（coagulation）。

沉淀池（sedimentation basin）：提供平稳的水流，使水中的粗大絮凝体在重力作用下沉于池底，得以分离。

澄清池（clarifier）：在一个构筑物中完成絮凝和沉淀两个过程的处理单元，可利用池中高浓度粗大絮凝体悬浮层促进颗粒絮凝和沉淀分离。该方法又被称为接触絮凝（contact flocculation）法。

直接过滤（direct filtration）：混凝（混合+絮凝）后的原水不经沉淀而直接进入快滤池的处理工艺，一般适用于原水浊度较低的情况。

接触过滤（contact filtration）：原水加药混合后直接进入快滤池，利用脱稳颗粒和滤料颗粒之间的接触絮凝作用进行过滤处理，该工艺也适用于原水浊度较低的情况。

清水池（filtered water reservoir）：储存滤后水的构筑物，一般在进入清水池之前进行加氯，并利用清水池的容量提供足够的消毒接触时间。

对于轻度污染的原水，如达到国家地表水环境质量Ⅱ类标准的原水，通过上述常规快滤处理即可满足饮用水的水质要求。

3.1.3　预处理和深度给水处理

常规快滤系统主要去除水中的浊度和微生物，对于水中色度和有机物虽也有一定的去除效果，但去除率较低。因此对于有机污染比较严重的原水而言，必须考虑增加其他处理单元，以提高这些杂质的去除率，满足饮用水的水质要求。这些附加的处理若置于常规处理流程之前则称为预处理；若置于常规处理之后则称为深度给水处理（advanced water treatment）。

预处理方法主要包括，①粉末活性炭吸附法：通常将粉末活性炭投加到原水中，吸附水中的有机物，然后通过后续的混凝沉淀加以去除；②化学预氧化法：用氯、臭氧、高锰酸钾等作为氧化剂，投加在原水中，以氧化水中的有机物或改变有机物的性质，使其在后续工艺中得到有效去除；③生物预氧化法：对原水进行曝气或其他生物处理，去除水中的氨氮和生物可降解有机物。上述各种预处理法除了去除水中有机污染物外，也具有除味、除臭和除色作用[2]。

深度给水处理的主要方法包括，①粒状活性炭吸附法：以粒状活性炭作为滤料，常规处理后的水通过滤池过滤，水中残余的有机物得到吸附去除；②臭氧-活性炭处理法：水通过臭氧氧化后，再通过粒状活性炭滤池进行吸附处理，由于臭氧能大幅度提高有机物的生化降解性，后续活性炭滤池中极易形成生物膜，这种情况下粒状活性炭主要成为生物载体，称其为生物活性炭；③高级氧化法：使用化学氧化剂（臭氧、过氧化氢等）或运用光催化、超声波、紫外线等与化学氧化组合进行水的氧化处理，以去除水中的有机污染物；④膜处理法：运用微滤、超滤、纳滤、反渗透等膜技术，可有效去除水中各种杂质，膜处理既是深度处理技术，又可单独形成处理系统，代替水的常规处理和其他深度处理流程[3]。

3.1.4　水中溶解性无机物的去除

上述常规快滤处理、预处理和深度处理均不能有效去除水中的溶解性无机物。当原水中硬度过高、盐分浓度超标，或工业上为了满足特殊供水要求必须进行水的除盐时，就要考虑采用其他化学或物理化学的方法进行水处理[4]。

1. 水的软化处理

处理对象主要是水中的钙、镁离子。软化方法主要有离子交换法和药剂软化法。前者是水中钙、镁离子与阳离子交换剂上的阳离子相互交换以达到软化的目的；后者是在水中投入石灰、碳酸钠等药剂，使水中的钙、镁离子转变为沉淀物而从水中分离。

2. 水的除铁、除锰

当地下水中的铁、锰含量超过生活饮用水标准时，需采用除铁、除锰措施。常用的方法有自然氧化法和接触氧化法。前者通常设置曝气装置、氧化反应池和砂滤池；后者通常设置曝气装置和接触氧化滤池。此外还可采用药剂氧化、生物氧化法。这些方法的原理都是通过氧化使溶解性二价铁和二价锰分别转化为三价铁和四价锰，形成沉淀物而去除。

3. 水的淡化和除盐

将高含盐量的水，如海水、地下苦咸水处理至符合生活饮用和工业用水要求的处理过程称为水的淡化，制取纯水或高纯水的处理过程称为水的除盐。淡化和除盐的主要方法有，①蒸馏法：高温下使水汽化得到水蒸气，冷凝后得到不含盐分的淡水；②离子交换法：利用阳离子和阴离子交换剂置换水中的盐分离子，降低水的盐分；③电渗析法：利用阴、阳离子交换膜能够分别透过阴、阳离子的特性，在外加直流电场的作用下使水中阴、阳离子得以分离；④反渗透法：利用高于水的渗透压的压力使含盐水中的水分通过半渗透膜，而盐类离子被阻留下来。

3.1.5 其他给水处理方法

在工业生产中常常需要用水作为冷却介质对设备进行降温。作为冷却介质的水通过换热器等设备后温度升高，必须经过冷却处理使水恢复到原有温度后，才能循环使用。尤其在电厂、冶金企业内，水的冷却处理更是必不可少。水的冷却一般采用冷却塔，在条件和冷却要求许可时，也可采用喷水冷却池和水面冷却池。

在某些情况下，水在使用过程中会对金属管道和容器材质产生腐蚀和结垢作用，在循环冷却水系统中尤其突出。因此必须进行水质稳定处理，以控制腐蚀和结垢的发生。水质稳定往往是通过向水中投加化学药剂来完成的。控制腐蚀的药剂称为缓蚀剂，控制结垢的药剂称为阻垢剂。有时也通过去除水中容易产生腐蚀和沉淀的成分以稳定水质。

3.2　污水处理系统

3.2.1　污水处理技术的发展历史

下水道的出现已有 5000 多年的历史，最早可追溯到美索布达米亚帝国时代（Mesopotamian Empire，3500～2500BC）的雨水-污水合流排水系统。罗马时代（800 BC～450 AD）的城市下水道系统已相当可观。除了下水道系统以外，至少从罗马时代起，人们就开始了污水的土地处理（land treatment）。1740 年左右，在欧洲开始了污水的化学处理，使用石灰作为药剂使污水中的污染物产生沉淀，水质得到净化[5]。

构筑物形式的污水处理是 1840 年左右在欧洲开始的，首先出现的是用于污水一级处理的平流沉淀池。19 世纪末期，以土壤颗粒为滤料的生物滤池（biological filter）也得到应用，由此开始了污水生物处理的历史。

真正意义上的现代污水处理系统以活性污泥法的应用为标志。1914 年英国曼彻斯特建立了第一个活性污泥处理的试验厂，此后，美国和欧洲逐渐推广了活性污泥法生物处理，从那时开始，以活性污泥法为中心的污水二级处理就成为当时全世界污水处理技术的主流。随着活性污泥法在污水处理中的广泛应用和技术上的不断革新改进，特别是近几十年来，在对其生物反应和净化机理进行深入研究的基础上，活性污泥法在生物学、反应动力学的理论方面及工艺方面都得到了长足的发展，出现了多种能够适应各种条件的工艺流程。

20 世纪 60 年代，随着环境污染问题的加剧，水环境中引起富营养化的氮和磷的去除问题受到普遍关注。常规活性污泥法对氨氮的氧化效果往往不稳定，为此，60 年代初出现了利用缺氧段的条件进行生物反硝化（biological denitrification）的活性污泥法改进措施。这种方法也在同一时期用于接触生物氧化技术的改进。厌氧-好氧条件的生物除磷工艺、厌氧-缺氧-好氧条件的同步脱氮除磷工艺都是随后出现的活性污泥法改进措施，其共同点是在生物处理流程中造成缺氧、厌氧、好氧等条件的交替，在去除水中有机物的同时达到较高的营养盐去除效率。

近年来，与给水处理领域一样，膜过滤技术以其广泛的实用性受到污水处理界的重视。微滤、超滤、反渗透技术都越来越多地被用于污水处理。尤其是将活性污泥法处理与膜分离组合应用的膜生物反应器（membrane bioreactor，MBR）技术是近年来最受人们重视的水处理技术。

3.2.2 典型的城镇污水处理流程

图 3-2 是城镇污水处理中得到广泛应用的典型流程，处理对象是污水中的悬浮物（suspended solid，SS）和有机物［生化需氧量（BOD）或化学需氧量（chemical oxygen demand，COD）］。

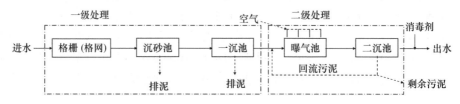

图 3-2 城镇污水处理的典型流程（未包括污泥处理）

流程中各处理单元的作用可归纳如下[6]。

格栅（格网）（screening device）：去除污水进水中的粗大悬浮物和漂浮物。

沉砂池（sand chamber）：类似于沉淀池，但通常容积较小，用于去除水中粒径大、相对密度大的粗大颗粒。

一沉池（primary sedimentation basin）：沉淀处理单元，通过重力沉降去除水中悬浮性无机物和部分有机物，以降低后续曝气池的 SS 负荷。

一级处理（primary treatment）：到一沉池为止的处理流程称为污水一级处理流程，通过物理处理达到悬浮物和有机物的部分去除。

曝气池（aeration tank）：向污水中注入空气进行曝气，提供生化反应所需的氧气，曝气池是活性污泥处理系统的生物反应器。

二沉池（secondary sedimentation basin）：对来自曝气池的活性污泥混合液进行沉淀处理，处理水经消毒后排放，沉淀污泥一部分回到曝气池始端，提供生化反应所需的生物絮体，以保证曝气池中有足够的生物量；另一部分作为剩余污泥排出。

二级处理（secondary treatment）：由曝气池、二沉池和污泥回流设备构成处理系统中的二级处理部分，即污水的生物处理部分。由一级处理和二级处理构成了典型的城镇污水处理系统。

3.2.3 污水深度处理和回用

通过常规活性污泥法处理后的出水一般可以达到国家规定的污水排放标准，从而可直接排入水体。但是在水资源不足的地区，如我国北方地区，排出的污水也应作为水资源加以利用。实际上二级处理水用于农田灌溉在国内外都有大量实例，但要将处理水用于其他回用目的，二级处理水质往往还达不到用水的水质要求，在这种情况下必须考虑进一步的处理措施。

二级处理的后续处理称为污水的深度处理或三级处理（tertiary treatment）。污水深度处理方法与给水处理方法基本相同。混凝-沉淀-过滤是最常用的深度处理方法，活性炭吸附、臭氧氧化和其他高级氧化方法、膜处理和膜生物反应器等有时也用于污水深度处理，以达到更高的水质要求。

3.3　工业废水处理系统

3.3.1　工业废水的分类和水质特点

工业企业各行业生产过程中排出的废水统称为工业废水，其中包括生产废水、冷却废水和生活污水三种。生产废水的水质远比冷却废水复杂，生活污水的水质与城镇污水类似。

为了区分工业废水的种类，了解其水质特点，研究其处理措施，应当对废水进行分类，一般有三种分类方法[3]。

（1）按行业的产品加工对象分类。如冶金废水、造纸废水、炼焦煤气废水、金属酸洗废水、纺织印染废水、制革废水、农药废水、化学肥料废水等。

（2）按工业废水中所含主要污染物的性质分类。以无机污染物为主的废水称为无机废水，以有机污染物为主的废水称为有机废水。例如，电镀和矿物加工过程的废水是无机废水，食品和石油加工过程的废水是有机废水。这种分类方法比较简单，对考虑处理方法有利。例如，对易生物降解的有机废水一般采用生物处理法，对无机废水一般采用物理、化学和物理化学法处理。不过，在工业生产过程中，一种废水往往既含无机物，又含有机物。

（3）按废水中所含污染物的主要成分分类。如酸性废水、碱性废水、含酚废水、含镉废水、含铬废水、含锌废水、含汞废水、含氟废水、放射性废水等。这种分类方法的优点是突出了废水的主要污染成分，可有针对性地考虑处理方法和进行回收利用。

此外，还可以根据工业废水处理的难易程度和废水的危害性进行分类。例如，生产过程中产生的热排水和冷却水，对其稍加处理即可排放或回用；对易生物降解又无明显毒性的废水，可采用生物处理法处理；对难生物降解又有毒性的废水，则必须考虑专门的处理方法。

应当注意的是，一种工业可能排出几种不同性质的废水，而另一种废水又可能含有多种不同的污染物。如燃料工业，既可排出酸性废水，又可排出碱性废水。印染纺织废水由于织物和染料的不同，所含污染物的种类和浓度往往有很大差别。

3.3.2 工业废水处理方法

由于工业废水的复杂性，不可能给出一个典型的工业废水处理流程，而应当根据废水的水质考虑相应的处理方法。工业废水的处理方法大体上可分为四种：物理处理法、化学处理法、物理化学处理法和生物处理法。

1. 物理处理法

物理处理法通常包括，①调节：设置调节池，使水量和水质达到均衡；②离心分离：利用高速旋转的离心力对水中污染物进行分离；③沉淀：污染物通过重力沉淀实现分离；④除油：利用油和水的密度之差进行油水分离；⑤过滤：污染物的过滤分离。

2. 化学处理法

化学处理法通常包括，①中和：用调节酸碱度的方法对酸性和碱性废水进行中和；②化学沉淀：投加某种化学物质，使它和废水中的溶解物质发生反应生成难溶盐沉淀；③氧化还原：利用污染物在氧化还原反应中能被氧化或还原的性质，把它们转化为无毒无害的物质。

3. 物理化学处理法

物理化学处理法包括，①混凝：采用混凝的方法使废水中所含微粒粗粒化，然后通过后续的沉淀等过程进行分离；②气浮：通过某种方式产生大量的微气泡，使其与废水中的微粒黏附，形成密度小于水的气浮体，在浮力的作用下上浮到水面，得以分离；③吸附：利用活性炭等多孔性物质，使废水中的污染物被吸附在固体表面而去除；④离子交换：利用离子交换树脂置换废水中的阴离子或阳离子，使之分离；⑤膜分离：用微滤、超滤、反渗透、电渗析等膜处理方法进行废水中污染物的分离。

4. 生物处理法

包括好氧生物处理法（3.2 节所述的活性污泥法）和厌氧生物处理法。

3.3.3 废水处理方法的选择

选择废水处理方法前，必须了解废水中污染物的形态。一般污染物在废水中处于悬浮、胶体和溶解 3 种形态。通常根据它们粒径的大小来划分。悬浮物粒径在 1μm 以上，胶体粒径为 1nm～1μm，溶解物粒径小于 1nm。一般来说，悬浮物可通过沉淀、过滤等方法与水分离，胶体可通过混凝+沉淀（或气浮）的方法与水分离，溶解物则必须通过化学反应使其产生沉淀，或利用微生物进行生化降解[7]。

废水处理方法可参考已有的相同工程的工艺流程确定，无资料可参考时，则应通过试验确定处理方法[7]。

1. 有机废水

当废水中含有悬浮物时，可用滤纸过滤，测定滤液的 BOD、COD。若滤液的 BOD、COD 能达到水质要求，这种废水可以采用物理处理方法，在去除悬浮物的同时，也能将 BOD、COD 去除。

若滤液中的 BOD、COD 达不到水质要求，则需要考虑生物处理方法，并进行生物处理试验以考察 BOD、COD 的去除情况。若生物处理不能有效去除 COD，则需要考虑采用其他处理方法。

2. 无机废水

通过沉淀试验判断废水是否能采用自然沉淀法进行处理，若自然沉淀不能满足处理要求则应进行混凝沉淀试验。当去除悬浮物后，废水中溶解物指标不能达到水质要求时，可考虑采用酸碱中和、化学沉淀、氧化还原等化学处理法。若化学方法仍不能奏效，则应考虑采用吸附、离子交换等深度处理的方法。

参 考 文 献

[1] 王晓昌, 张荔, 袁宏林. 水资源利用与保护. 北京: 高等教育出版社, 2008.
[2] 严煦世, 刘遂庆. 给水排水管网系统. 北京: 中国建筑工业出版社, 2009.
[3] 李亚峰, 杨辉, 蒋白懿. 给排水科学与工程概论. 北京: 机械工业出版社, 2015.
[4] 严煦世, 范瑾初. 给水工程. 北京: 中国建筑工业出版社, 2006.
[5] 邹金龙, 代莹. 室外给排水工程概论. 哈尔滨: 黑龙江大学出版社, 2014.
[6] 李圭白, 蒋展鹏, 范瑾初. 给水排水科学与工程概论. 北京: 中国建筑工业出版社, 2009.
[7] 黄敬文. 城市给排水工程. 郑州: 黄河水利出版社, 2008.

第4章　给排水管网系统概述

给排水系统是为人们的生活、生产和消防提供用水与排除废水的设施总称。它是人类文明进步和城市化聚集居住的产物，是现代化城市最重要的基础设施之一，是城市现代化水平的重要标志。给排水系统的功能是向各种不同类别的用户供应满足需求的水质和水量，同时承担用户排出的废水的收集、输送和处理，达到消除废水中污染物质对于人体健康的危害和保护环境的目的。给排水系统可分为给水和排水两个组成部分，分别被为给水系统和排水系统。

给排水管网系统分为给水管网系统和排水管网系统两个组成部分。给水管网系统是将经城镇水厂处理后、满足《生活饮用水卫生标准》的水输送并分配至城镇各种不同类别的用户，以满足用户对水质和水量的需求。排水管网系统是对用户使用后排出的污废水进行收集并输送至城镇污水处理厂进行处理。给排水管网系统是城市发展的基础命脉，是城市现代化水平的重要标志。

4.1　给　水　管　网

4.1.1　给水管网的功能及系统组成

给水管网的功能是保证输水到给水区内并且配水到所有用户，以确保向各种不同类别的用户供应满足相应需求的水质和水量，为城市居民生活、工业生产、市政消防、公共建筑、生态环境等提供用水。

给水管网系统包括输水管、配水管网、阀门井、其他附属构筑物、中途加压泵站等。

输水管指从城市水厂到相距较远管网的管（渠）道。它中途一般不接用户，主要起传输水的作用，在某些远距离输水工程中投资巨大。配水管网是给水管网系统的主要组成部分，是将输水管送来的水输送到各给水区并分配到各用户的管道系统。

对输水管和配水管网的总体要求是能够供给用户所需水量，保证配水管网足够的水压，保证不间断给水，保证供水水质不受到污染。

4.1.2　给水管网的布置

1. 布置原则

给水管网的布置通常遵循以下原则：按照城市规划平面图布置管网，应考虑系统分期建设的可能，并留有充分发展的余地；管网布置必须保证供水安全可靠，当局部管网发生事故时，断水范围应减到最小；管线遍布整个给水区内，保证用户有足够的水量和水压；协调好与其他管道、道路等工程的关系，尽量减少拆迁，少占农田；施工、运行和维护方便；力求以最短距离敷设管线，以降低管网造价和供水能量费用[1]。

2. 输水管定线

当输水管定线时，必须与城市建设规划设计相结合，选择经济合理的线路，尽量缩短管线长度，少穿越障碍物和地质不稳定的地段。长距离输水管的定线应在对各种可行的方案进行详细的技术经济比较后确定，并可根据具体情况，采用压力输水管或重力输水管，通常用得较多的是压力输水管。输水管一般应设两条，中间要设连通管；若采用一条，必须采取措施保证满足城市用水安全的要求。

3. 配水管网布置

配水管网遍布整个给水区内，根据管道的功能划分为配水干管、配水支管、接户管或引入管三类。配水干管的主要作用是配水至城市各用水区域，同时也为沿线用户配水；配水支管的主要作用是把干管配送来的水依次分配给各接户管或引入管；接户管或引入管进一步将水送至用户（居住小区、工矿企业或建筑）。

在配水管网中，因为各管线所起的作用各不相同，所以其配送的流量和管径也各不相同。需要注意的是，干管和支管的管径并无明确的界限，视配水管网规模而定。大型配水管网中的支管在小型配水管网中可能是干管。大城市可略去不计的配水支管，在小城市一般不允许略去。接户管或引入管的管径视用户的总用水量而定。对于供水可靠性要求较高的用户，可采用两条接户管或引入管，并尽量从不同的配水支管上接入[2]。

根据城市规划、用户分布及用户对用水安全可靠性的要求程度等，配水管网分为枝状管网和环状管网两种布置形式，如图 4-1 所示。

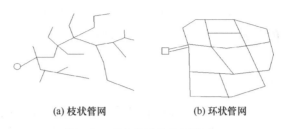

(a) 枝状管网   (b) 环状管网

图 4-1　配水管网的布置形式

（1）枝状管网。配水管网呈树枝状分布，管网总长度减少，造价低。但当管网中任一段管线损坏时，该管段以后的所有管线就会断水，因此供水可靠性较差。同时，在管网的末端，因用水量很小，管中的水流缓慢，甚至停滞不流动，因此水质容易变差，有时会出现浑水和红水。枝状管网一般适用于小城市和小型工矿企业。

（2）环状管网。配水管网呈环网状分布，管网总长度增加，造价高。但由于所有管线连接环，当管网中任一段管线损坏时，可关闭该管线附近的阀门使其和其余的管线隔开，然后进行检修，水还可通过其余管线分配至其他用户，受暂时断水影响的用户范围可以缩小，从而增加了供水可靠性。同时，环状管网还可以大大减轻因水锤作用产生的危害[3]。

4.2　排　水　管　网

4.2.1　排水管网的功能作用

排水管网系统的功能是承担用户排出的废水的收集、输送和处理，达到消除废水中污染物质对于人体健康的危害和保护环境的目的。

水在人类的生活和生产使用过程中会受到不同程度的污染，改变原有的化学成分和物理性质，携带不同来源和不同种类的污染物质，成为污（废）水，会给人体健康、生活环境和自然生态环境带来危害，需要及时收集并输送至污水处理厂进行处理。

排水管网就是排除城市产生的各类污水、废水、雨水的管道及设施的总称，其功能就是收集并输送用户排出的污（废）水，达到消除废水中污染物质对于人体健康的危害和保护环境的目的，同时及时排除降水造成的地面积水，减轻暴雨径流或洪水灾害的发生，保障人民生命财产安全。

根据排水管网系统所接纳的污（废）水的来源，废水可以分为生活污水、工业废水和雨水三种类型。生活污水主要来源于居民生活用水和工业企业中的生活用水，其中含有大量有机污染物，受污染程度比较严重，是废水处理的重点对象。大量的工业用水在工业生产过程中被用于冷却或洗涤，受到较轻微的水质污染或水温变化，这一类废水往往经过简单处理后便可重复使用；另一类工业废水在生产过程中受到严重污染，例如，许多化工企业的生产废水，含有很高浓度的污染物质，甚至含有大量有毒有害物质，必须予以严格的处理。降水指雨水和冰雪融化水，雨水排水系统的主要目标是排除降水，防止地面积水和洪涝灾害。在水资源缺乏的地区，降水应尽可能被收集和利用。只有建立合理、经济和可靠的排水系统，才能达到保护环境、保护水资源、促进生产和保障人们生活与生产活动安全的目的[4]。

4.2.2 排水体制的类型

排水体制分为合流制和分流制两种。排水体制的选择是排水管网系统规划的关键，关系到工程投资、运行费用和环境保护等一系列问题，应根据城市总体规划、城市自然地理条件、天然水体状况、环境保护要求及污水再用情况等，通过技术经济综合比较确定。

1. 合流制排水系统

合流制排水系统是将生活污水、工业废水和雨水混合在同一个管渠内排除的系统，分为直排式和截流式。直排式合流制排水系统将排除的混合污水不经处理直接就近排入水体，国内外很多老城市以往几乎都是采用这种合流制排水系统。但这种排除形式中的污水未经处理就被排放了，使受纳水体遭受严重的污染。

现在常采用的是截流式合流制排水系统[5]，如图 4-2 所示。这种系统在临河岸边建造一条截流干管，同时在合流干管与截流干管相交前或相交处设置溢流井，并在截流干管下游设置污水厂。晴天和降雨初期时所有污水都送至污水厂，经处

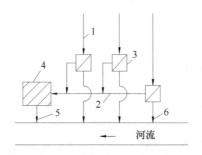

图 4-2　截流式合流制排水系统

1-合流干管；2-截流主干管；3-溢流井；4-污水处理厂；5-出水门；6-溢流出水口

理后排入水体,随着降雨量的增加,雨水径流也增加,当混合污水的流量超过截流干管的输水能力后,就有部分混合污水经溢流井溢出,直接排入水体。截流式合流制排水系统比直排式大大前进了一步,但仍有部分混合污水未经处理就直接排放,从而使水体遭受污染。国内外在改造老城市的合流制排水系统时,通常采用这种方式。

2. 分流制排水系统

分流制排水系统将生活污水、工业废水和雨水分别在两个或两个以上各自独立的管道内排除[6],如图 4-3 所示。排除生活污水和工业废水的系统称为污水排水系统,排除雨水的系统称为雨水排水系统。

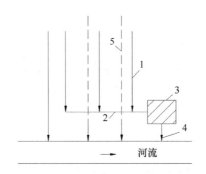

图 4-3 分流制排水系统
1-污水干管;2-污水主干管;3-污水处理厂;4-出水口;5-雨水干管

根据排除雨水方式的不同,分流制排水系统又分为完全分流制和不完全分流制两种。在城市中,完全分流制排水系统包含污水排水系统和雨水排水系统。而不完全排水系统只有污水排水系统,未建雨水排水系统,雨水沿天然地面、街道边沟、水渠等原有渠道系统排泄,或者为了补充原有渠道系统输水能力的不足而修建部分雨水渠道,待城市进一步发展再修建雨水排水系统,使其转变成完全分流制排水系统。

4.2.3 排水管网系统的组成

排水管网系统包括排出管、区域排水管、市政排水管、检查井、其他附属构筑物、局部提升泵站等。

排出管是将用户产生的各类污(废)水排出室外的管道,区域排水管收集区域内部各个排出管排出的污(废)水,并输送至市政排水管,由市政排水管统一收集城市内各区域的污(废)水,并最终输送到城市污水处理厂进行处理。因此,市政排水管是排水管网系统的主要组成部分。在排水管网中,通常采用重力流输送污（废）水。如果局部地势较低，不满足自流排水，则要增设提升泵站。在市政排水管进入污水处理厂时，通常也要设污水提升泵站，将污水总体提升后再进行处理。

对排出管和排水管网的总体要求是能够快速排出各类污（废）水，保证管道内部不淤积、不堵塞、排水通畅。由于排水管网依靠重力流，管道的连接方式是保证管网中水流畅通和管道运行安全的重要因素。排水管道的连接主要采用检查井和跌水井等连接井方式，在排水管道的交汇处、一定长度的直线管道上、管道的管径变化处、管道方向改变处、管道高程变化处，均需要合理设置检查井，以保证衔接通畅，方便清通和维护。跌水井的主要功能是管道高程变化的连接和较大水流落差的消能，以防止管道被强力冲刷而损坏。不同功能的排水管道检查井的间距[7]见表 4-1。

表 4-1　直线排水管道检查井间距

管别	管径或暗渠净高/mm	最大间距/m	常用间距/m
污水管道	≤400	30	20～30
	500～700	50	30～50
	800～1000	70	50～70
	1100～1500	90	65～80
	1600～2000	100	80～100
雨水管道合流管道	≤400	40	30～40
	500～700	60	40～60
	800～1000	80	60～80
	1100～1500	100	80～100
	>1500	120	100～120

雨水管网系统由收集路面雨水的雨水口、雨水管网、检查井、其他附属构筑物、排放口等组成。城市雨水管网系统规划布置的主要内容有确定雨水排水流域、确定雨水排水方式、雨水管网定线、确定雨水调节池、雨水泵站及雨水排放口的位置。雨水管网布置应尽量利用地形的自然坡度，以最短距离依靠重力就近排入附近的池塘、河流、湖泊等水体中。

4.2.4　排水管网的布置形式

排水管网一般布置成树状网。根据不同地形，可采用平行式和正交式两种基本布置形式。平行式是排水管线与等高线平行，而主干管则与等高线基本垂直，其适用于城市地形坡度很大的情况，可以减少管道的埋深，避免设置过多的跌水井，改善干管的水利条件。正交式是排水干管与地形等高线垂直相交，而主干管与等高线平行敷设，其适应于地形平坦略向一边倾斜的城市。

由于各城市地形差异很大，城市不同区域的地形条件也不相同，排水管网的布置要紧密结合地形特点和排水体制进行，同时要考虑排水管渠流动的特点，即大流量干管坡度小，小流量支管坡度大[8]。实际工程中往往结合上述两种布置形式，构成丰富的具体布置形式。

污水管网定线一般按主干管、干管、支管顺序依次进行。正确合理的污水管道平面布置能节省排水管道系统的投资。

4.3 常 用 管 材

4.3.1 给水管材

给水管材的性能主要应满足下列要求：有足够的强度，可以承受各种内外荷载，内壁光滑以减小水头损失，耐侵蚀，价格低，使用年限长。

常用给水管材包括金属管（铸铁管和钢管）和非金属管（预应力钢筋混凝土管、玻璃钢管、塑料管等）。

1. 球墨铸铁管

球墨铸铁管耐腐蚀性强，质量轻，不易发生爆管、渗水和漏水现象，可减少管网漏损率和管网维修费用。球墨铸铁管采用推入式楔形胶圈柔性接口，也可用法兰接口，施工安装方便，接口的水密性好，有适应地基变形的能力，抗震效果好。

2. 钢管

钢管耐高压、耐振动、质量较轻、单管长度大、接口方便，但承受外荷载的稳定性差，耐腐蚀性差，且造价较高。常用的钢管有无缝钢管和焊接钢管两种。钢管用焊接或法兰接口。在给水管网中，通常在管径大和水压高处，以及因地质、地形条件限制或穿越铁路、河谷和地震地区时使用钢管。

3. 预应力钢筋混凝土管

预应力钢筋混凝土管造价低、抗震性能强、管壁光滑、水力条件好、耐腐蚀、爆管率低，但质量大，不便于运输和安装。预应力钢筋混凝土管在设置阀门、弯管、排气、放水等装置处，须采用钢管配件。

4. 预应力钢筒混凝土管

预应力钢筒混凝土管是在预应力钢筋混凝土管内放入钢筒，其用钢量比钢管省，价格比钢管便宜。接口为承插式，承口环和插口环均用扁钢压制成型，与钢管焊成一体。

近年来，一种新型的预应力钢筒混凝土管（称为 PCCP 管）正在大型输水工程项目中得到应用，受到许多设计和工程主管部门的重视。预应力钢筒混凝土管在管芯中间夹有一层 1.5mm 左右的薄钢筒，然后在环向施加一层或二层预应力钢丝，其兼具钢管和预应力钢筋混凝土管的优点，密封性优于钢筋混凝土管，耐腐蚀性优于钢管，但质量较大，运输安装不便。

5. 玻璃钢管

玻璃钢管是一种新型的非金属材料，以玻璃纤维和环氧树脂为基本原料预制而成，耐腐蚀，内壁光滑，质量轻。

在玻璃钢管的基础上发展起来的玻璃纤维增强塑料夹砂管（简称玻璃钢夹砂管或 RPM 管），增加了玻璃钢管的刚性和强度，在我国给水管道中开始得到应用。RPM 管用高强度的玻纤增强塑料作内、外面板，中间以树脂和石英砂作芯层组成夹芯结构，以提高弯曲刚度，并辅以防渗漏和满足水质稳定要求的内衬层形成复合管壁结构，满足地下埋设的大口径供水管道和排污管道使用要求。

6. 塑料管

塑料管具有强度高、表面光滑、不易结垢、水头损失小、耐腐蚀、质量轻、加工和接口方便等优点，但是管材的强度较低，膨胀系数较大，用作长距离管道时，需考虑温度补偿措施，如伸缩节和活络接口。

塑料管有多种，如聚丙烯腈-丁二烯-苯乙烯（ABS）塑料管、聚乙烯（PE）塑料管和聚丙烯（PP）塑料管、硬聚氯乙烯（UPVC）塑料管、三型聚丙烯（PP-R）塑料管。

1）硬聚氯乙烯管

硬聚氯乙烯（UPVC）管道以卫生级聚氯乙烯（PVC）树脂为主要原料，质量轻、耐腐蚀、水流阻力小、节约能源、安装迅捷、造价低。它主要用于城镇自来水输水供水工程、建筑内外供水工程、工矿企业供水工程、地埋消防供水工程、农田水利输水灌溉工程、园林园艺绿化供水工程、水产养殖业供水排水工程等（图 4-4）。

2）三型聚丙烯管

三型聚丙烯（PP-R）管采用无规共聚聚丙烯经挤出成为管材，注塑成为管件，是欧洲 20 世纪 90 年代初开发应用的新型塑料管道产品，具有较好的抗冲击性能和长期蠕变性能。它价格适中、性能稳定、耐热保温、耐腐蚀、内壁光滑不结垢、管道系统安全可靠，使用年限可达 50 年。它号称是永不结垢、永不生锈、永不渗漏的绿色高级给水材料。

PP-R 管材采用热熔连接，主要用于建筑内部的冷、热水管，也可用于直接饮用的纯净水供水系统（图 4-5）。

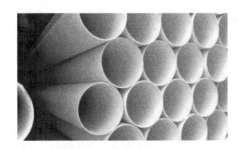
图 4-4　硬聚氯乙烯管

图 4-5　三型聚丙烯管

3）聚乙烯管

聚乙烯（PE）管加工时不添加重金属盐稳定剂，材质无毒性，无结垢层，不滋生细菌，很好地解决了城市饮用水的二次污染问题。除少数强氧化剂外，可耐多种化学介质的侵蚀；无电化学腐蚀。在额定温度、压力状况下，PE 管道可安全使用 50 年以上。PE 管韧性好，耐冲击强度高，重物直接压过管道，不会导致管道破裂。PE 管热熔或电熔接口的强度高于管材本体，接缝不会由于土壤移动或活载荷的作用断开。管道质轻，焊接工艺简单，施工方便，工程综合造价低。

7. 铜管

铜管又称紫铜管，是有色金属管的一种，是压制和拉制的无缝管。铜管质地坚硬，不易腐蚀，耐高温、高压，是最好的给水管材，多用于直饮水管道。

8. 不锈钢管

薄壁不锈钢管是 20 世纪 90 年代末才问世的新型管材，具有安全卫生、强度高、耐蚀性好、坚固耐用、耐温保温性能好、内壁光滑、寿命长、免维护、美观等特点，主要用于建筑给水和直饮水管道。

4.3.2　排水管材

排水管材应满足:有足够的强度以承受外部荷载及内部水压(对压力管而言)、具有抵抗污水中固体杂质的冲刷和磨损的性能、具有抗腐蚀性能、内壁光滑不透水、尽量就地取材。排水管道一般采用预制的圆形管道敷设而成。但在地形平坦、埋深或出口深度受到限制的地区,也用建筑材料在现场修筑沟渠排水[9]。

常用的排水管材主要有以下几种。

1. 混凝土管和钢筋混凝土管

混凝土管和钢筋混凝土管在排水工程中的应用极为广泛,可以在专门的工厂预制,也可以现场浇制。价格低,制造方便是它的主要优点,但它抵抗酸、碱侵蚀及抗渗性能较差;管节短、接头多、施工复杂。另外,大管径管道自重大,搬运不便。

混凝土管管径一般不超过 450mm,长度不大于 1m,适用于管径较小的无压管;当直径大于 400mm 时,一般做成钢筋混凝土管,长度为 1~3m,多用在埋深较大或地质条件不良的地段。

2. 陶土管

陶土管是用塑性黏土焙烧而成的。根据需要做成无釉、单面釉及双面釉的陶土管。陶土管的管径一般不超过 600mm,有效长度为 400~800mm。

带釉的陶土管内外壁光滑,水流阻力小,不透水性好,耐磨损,抗腐蚀,特别适用于排出腐蚀性工业废水或敷设在地下水侵蚀性较强的地方。陶土管质脆,易碎,不宜远运,不能承受内压,抗弯、抗拉强度低,不宜敷设在松土中或埋深较大的地方。陶土管管节短,需要较多的接口,施工麻烦,费用大。普通陶土排水管(缸瓦管)适用于居民区室外排水管。

3. 金属管

金属管有铸铁管和钢管,室外重力排水管道较少采用金属管,只在抗压或防渗要求较高的地方采用。如泵站的进出水管,穿越河流、铁路的倒虹管。

金属管质地坚固,抗压、抗震、抗渗性能好,内壁光滑,水流阻力小,管子每节长度大,接头少;但价格昂贵,并且钢管抵抗酸碱腐蚀及地下水侵蚀的能力差。金属管适用于排水管道承受高内压、高外压或对渗漏要求特别高的地方,对地震烈度大于 8 或地下水位高、流砂严重的地区也应采用。

4. 塑料管与玻璃钢管

塑料管与玻璃钢管在排水工程中应用越来越广泛。目前市场应用较多的塑料排水管主要有双壁波纹管、中空壁缠绕管和高密度聚乙烯（HDPE）螺旋缠绕管。

排水用双壁波纹管材是以聚乙烯树脂为主要原料，加入适量助剂，经挤出成型。内层是一个连续的实壁管，内层管外缠绕复合成倒"U"形的环形波状钢带增强体，在钢带增强体外复合有与钢带增强体波形相同的 HDPE 外层。

中空壁缠绕管的结构形式与双壁波纹管很相似，内层和外层均为 HDPE 膜，中间为钢带增强体。中空壁缠绕管内外表面都光滑，双壁波纹管只有内层表面光滑。

HDPE 螺旋缠绕管是由 HDPE 板带材和具有防腐性能的钢带缠绕而成的，内层为 HDPE 板带材，外层为钢带增强体。

玻璃钢管在排水工程中也有应用。

5. 排水管渠

排水管道的预制管径一般小于 2m，当设计管道断面尺寸大于 1.5m 时，可建造大型排水管渠。常用材料有砖、石、陶土块、混凝土和钢筋混凝土等，一般在现场浇制、铺砌和安装。它具有就地取材、抗蚀性好、断面形式多等优点。如果断面尺寸小于 800mm 则不宜现场施工，而且现场施工时间较预制管长。

4.4 海 绵 城 市

4.4.1 海绵城市的提出

海绵城市是新一代城市雨洪管理概念，是指城市在适应环境变化和应对雨水带来的自然灾害等方面具有良好的"弹性"，也可称其为"水弹性城市"。国际通用术语为"低影响开发雨水系统构建"。

2012 年 4 月，在 2012 低碳城市与区域发展科技论坛中，"海绵城市"概念被首次提出；2013 年 12 月 12 日，习近平总书记在中央城镇化工作会议的讲话中强调："在提升城市排水系统时要优先考虑把有限的雨水留下来，优先考虑更多利用自然力量排水，建设自然存积、自然渗透、自然净化的'海绵城市'"。而《海绵城市建设技术指南——低影响开发雨水系统构建（试行）》及仇保兴发表的《海绵城市（LID）的内涵、途径与展望》[10]则对"海绵城市"的概念给出了明确的定义，即城市能够像海绵一样，在适应环境变化和应对自然灾害等方面具有良好的"弹性"，下雨时吸水、蓄水、渗水、净水，需要时将蓄存的水"释放"并加以利用，以提升城市生态系统功能和减少城市洪涝灾害的发生。

4.4.2　海绵城市的理念

1. 设计原则

海绵城市建设应遵循生态优先等原则,将自然途径与人工措施相结合,在确保城市排水防涝安全的前提下,最大限度地实现雨水在城市区域的积存、渗透和净化,促进雨水资源的利用和生态环境保护。建设"海绵城市"并不是推倒重来,取代传统的排水系统,而是对传统排水系统的一种"减负"和补充,最大限度地发挥城市本身的作用。在海绵城市建设过程中,应统筹自然降水、地表水和地下水的系统性,协调给水、排水等水循环利用各环节,并考虑其复杂性和长期性。

作为城市发展理念和建设方式转型的重要标志,我国海绵城市建设"时间表"已经明确且"只能往前,不可能往后"。全国已有 130 多个城市制定了海绵城市建设方案。确定的目标核心是通过海绵城市建设,使 70%的降雨就地消纳和利用。围绕这一目标确定的时间表是到 2020 年,20%的城市建成区达到这个要求。如果一个城市建成区有 100km^2,则至少有 20km^2 在 2020 年要达到这个要求。到 2030 年,80%的城市建成区要达到这个要求。

2. 设计理念

建设海绵城市,首先要扭转观念。传统城市建设模式处处是硬化路面。每逢大雨,主要依靠管渠、泵站等"灰色"设施来排水,以"快速排除"和"末端集中"控制为主要规划设计理念,往往造成逢雨必涝、旱涝急转。根据《海绵城市建设技术指南》,城市建设将强调优先利用植草沟、渗水砖、雨水花园、下沉式绿地等"绿色"措施来组织排水,以"慢排缓释"和"源头分散"控制为主要规划设计理念,既避免洪涝,又有效地收集雨水。

3. 配套设施

要想建设海绵城市就要有"海绵体"。城市"海绵体"既包括河、湖、池塘等水系,又包括绿地、花园、可渗透路面这样的城市配套设施。雨水通过这些"海绵体"下渗、滞蓄、净化、回用,最后剩余部分径流通过管网、泵站外排,从而可有效提高城市排水系统的标准,缓减城市内涝的压力。

4.4.3　海绵城市的应用

城市不同,其特点和优势也不尽相同。因此打造"海绵城市"不能生硬照搬他人的经验做法，而应在科学的规划下，因地制宜采取符合自身特点的措施，才能真正发挥出海绵作用，从而改善城市的生态环境，提高民众的生活质量。

1. 德国——高效集水，平衡生态

得益于发达的地下管网系统、先进的雨水综合利用技术和规划合理的城市绿地建设，德国"海绵城市"建设颇有成效。

德国城市地下管网的发达程度与排污能力处于世界领先地位。德国城市都拥有现代化的排水设施，不仅能够高效排水排污，还能起到平衡城市生态系统的作用。以德国首都柏林为例，其地下水道长度总计约 9646km，其中一些有近 140 年的历史。分布在柏林市中心的管道多为混合管道系统，可以同时处理污水和雨水，其好处在于可以节省地下空间，不妨碍市内地铁及其他地下管线的运行。而在郊区，主要采用分离管道系统，即污水和雨水分别在不同管道中进行处理，这样做的好处是可以提高水处理的针对性，提高效率。

2. 瑞士——雨水工程，民众参与

从 20 世纪末开始，瑞士在全国大力推行"雨水工程"。这是一个花费小、成效高、实用性强的雨水利用计划。通常来说，城市中的建筑物都建有从房顶连接地下的雨水管道，雨水经过管道直通地下水道，然后排入江河湖泊。瑞士以一家一户为单位，在原有的房屋上动了一点儿"小手术"：在墙上打个小洞，用水管将雨水引入室内的储水池，然后再用小水泵将收集到的雨水送往房屋各处。瑞士以"花园之国"著称，风沙不多，冒烟的工业几乎没有，因此雨水比较干净。各家在使用时，靠小水泵将沉淀过滤后的雨水打上来，用以冲洗厕所、擦洗地板、浇花，甚至还可用来洗涤衣物、清洗蔬菜水果等。

如今在瑞士，许多建筑物和住宅外部都装有专用雨水流通管道，内部建有蓄水池，雨水经过处理后使用。一般用户除饮用之外的其他生活用水，通过雨水利用系统基本可以解决。瑞士政府还采用税收减免和补助津贴等政策鼓励民众建设这种节能型房屋，从而使雨水得到循环利用，节省了不少水资源。

3. 新加坡——疏导有方，标准严格

新加坡作为一个雨量充沛的热带岛国，其降雨量充沛，常年平均降雨量超过 2400mm。雨季时，每天都有数场突如其来的瓢泼大雨，但城市内均未出现明显的积水和内涝。这一切要归功于设计科学、分布合理的雨水收集和城市排水系统。首先，预先规划城市排水系统。其次，加强雨水疏导，建立大型蓄水池。最后，建立严格的地面建筑排水标准。

4. 法国——形态不一，提升循环

位于欧洲大陆西端的法国受海洋性气候的影响明显，全年降雨量较为充沛。法国作为现代城市雏形起源国之一，其境内不少主要城市的排水、防涝及雨水循环处理的设计思路各具特色，形态不一。这些不同的地表水处理体系如同海绵一般，既使得城市免受内涝之苦，又提升了水循环利用率。

巴黎作为法国的首都，其水循环系统堪称世界范围内大都市中的典范。1852年，著名设计师奥斯曼主持改造了被法国人誉为"最无争议"并基本沿用至今的水循环系统。奥斯曼的设计灵感源自人体内部的水循环。他认为，城市的排水管道如同人体的血管，应潜埋在都市地表以下的各处，以便及时吸收地表渗水。城市的排污系统则如同人体排毒，应当沿管道排出城镇，而不是直接倾泻于塞纳河内。奥斯曼的这一设计理念避免了巴黎市在暴雨时的地表径流量大幅增加，缓解了瞬时某一地域的排水压力。目前，法国正逐步施行拟投资额高达 1000 亿欧元的"大巴黎改造计划"。巴黎市政府工作人员介绍，在这项宏大的计划中，巴黎会进一步完善维护既有的城市水循环系统，同时还将在巴黎市的多个地点增添蓄水、净水处理中心，提高整个城市对雨水的收集与再利用。

如果说巴黎市的城市水循环设计思路源自人体，那么法国另一座著名城市里昂的水循环处理则是因地制宜，充分借助自然的力量。相比于巴黎，里昂的城市水循环并不过分突出地下排水管的作用，城市中的数个社区区域内各有低洼地面，其雨水收集充分借助了地面走势的特点，让雨水通过精密设计的水渠流入这些低洼地域。

里昂市中心的中央公园便建立在一片低洼地中。当地建筑设计师在建造该公园时，特意留出了一个容量为 870m³ 的储水池。雨天时，公园周边建筑上流下的雨水会被引水渠集中引入这个储水池内。储水池内不仅安装了现代化的雨水净化系统，还种植了许多水生植被以辅助净化。随后，经过净化后的水被重新引入城市绿化区中灌溉植被。

里昂市位于法国的索恩河与罗讷河交汇处，虽然水资源较为丰富，但里昂的水务管理者仍不愿放弃对雨水的利用，并为此做出了极其细致的工作。首先，里昂市区内各个社区收集的雨水被纳入城市一体化的水循环体系中，由当地政府负责对水质进行统一监测与管控；其次，里昂政府将本市各处的道路规模、土壤类别与地形走势等信息进行了统一梳理并公示，任何市区内新的建筑项目均需要考虑这些基本信息，将雨水管理纳入设计规划中，并接受当地政府的查验考核。凭借着这种精细化的城市水循环监管体系，里昂市近年来多次获得国际城市水务管理领域的评比冠军。

实际上，在法国诸多具备良好城市水循环系统的城市中，巴黎与里昂仅仅是两个代表。近年来，随着科技的进一步发展，法国在对一些小型城镇进行水循环规划与管理时，应用了更多现代化的设计理念与技术。弱化城市与水的界限的设计规划思路未来或将成为业界潮流，让冰冷的混凝土河堤与水电站被设计精妙的植被与大片绿化带代替，既有利于城市内水的自然循环，又有助于保护环境，说到底，是实现人类与自然的和谐共处。

参 考 文 献

[1] 严煦世, 范瑾初. 给水工程. 北京: 中国建筑工业出版社, 2006.
[2] 严煦世, 刘遂庆. 给水排水管网系统. 北京: 中国建筑工业出版社, 2009.
[3] 张廉钧. 给水工程. 北京: 中国电力出版社, 1998.
[4] 邹金龙, 代莹. 室外给排水工程概论. 哈尔滨: 黑龙江大学出版社, 2014.
[5] 李亚峰, 杨辉, 蒋白懿. 给排水科学与工程概论. 北京: 机械工业出版社, 2015.
[6] 张自杰. 排水工程(上册). 北京: 中国建筑工业出版社, 2000.
[7] 孙犁, 王新文. 排水工程. 武汉: 武汉理工大学出版社, 2006.
[8] 李圭白, 蒋展鹏, 范瑾初. 给水排水科学与工程概论. 北京: 中国建筑工业出版社, 2009.
[9] 黄敬文. 城市给排水工程. 郑州: 黄河水利出版社, 2008.
[10] 仇保兴. 海绵城市(LID)的内涵、途径与展望. 建设科技, 2015, (1): 11-18.

阅读材料

材料 1　海绵城市应用的典型案例

案例 1　灰色骨架绿色纽带——美国威斯康星州密尔沃基市

灰色基础设施与绿色基础设施并不是一个新的概念，但随着海绵城市建设的推进，被越来越多地提及。

灰色基础设施（grey infrastructure）也就是传统意义上的市政基础设施，以单一功能的市政工程为主导，是由道路、桥梁、铁路、管道及其他确保工业化经济正常运作所必需的公共设施所组成的网络，具体到排水排污方面，其基本功能是实现污染物的排放、转移和治理，但并不能解决污染的根本问题，建设成本高。

绿色基础设施（green infrastructure，GI）是 20 世纪 90 年代中期提出的一个概念，由河流、林地、绿色通道、公园、保护区、农场、牧场和森林，以及维系天然物种、保持自然的生态过程、维护空气和水资源并对人民健康和生活质量有所贡献的荒野及其他开放空间组成的互通网络。具体到排水治污方面，绿色基础设施通过新的建设模式探索，催生和协调各种自然生态过程，充分发挥自然界对污染物的降解作用，最终为城市提供更好的人居环境。

密尔沃基市坐落在密歇根湖畔，居住和工作人口超过 100 万人，是威斯康星州最大的城市。该市的雨污管理已有 100 多年的历史。灰色系统包括超过 5000km 的排水管网、渠道，储水量达 190 万 m^3 的地下深隧，多座污水处理厂、地上与地下蓄滞设施及排水泵站等，是该市雨洪管理的"灰色"骨架。然而，该市的排水系统不能满足需求，每逢降大雨，内涝时有发生，污染密歇根湖及附近水系。

为此，该市改变策略，开始征购未开发的洪涝多发土地——天然"绿色海绵"，该市称其为"绿色纽带计划"。将这些土地改建成雨水或湿地公园，以及林地和草场等自然保护区，发挥自然净化、生态保护、蓄滞洪水、防止下游洪涝、保护自然资源等功能。

2003 年以来，该市逐步采取源头和街区海绵城市措施。同时，该市还注重维护已有的灰色设施，并适当兴建完善必需的管网系统，例如，该市将对一些老旧管网系统进行改造，增加管内衬砌，可以延长其使用年限至 50 年之久。

该市基于流域的综合管理，在现有的灰色雨洪基础设施之上融入 GI 措施，注重雨洪管理设施的整体性及灰色与绿色的连接、多功能可持续性，为我国海绵城市建设提供借鉴。

案例2 社区尺度灰绿结合——美国内布拉斯加州奥马哈市艾尔穆社区

奥马哈老城区运行了 60 多年的合流制排水系统一直困扰着当地的居民，经过多家咨询公司和公共管理部门的仔细评估，市政府决定投资兴建、改建大量的灰色基础设施，同时在适宜的地方尽可能采用绿色基础设施。近年来，该市倡导的绿色建筑、绿色街道计划均取得很好的成效。改建的灰色雨洪设施包括：局部地区雨污分流，修建深隧，修建两个超流量污水处理厂，改造现有污水处理厂、排水主管道、排水泵站等，修建多个地下蓄水池，修建大型排水管道。艾尔穆公园雨洪分流工程于 2012 年春季完工。该工程包括源头、街区的低影响开发（low impact development，LID）设施、传统的社区排水管网和末端生态蓄滞渗排设施。该案例利用旧城改建之际融入 GI 措施，注重自然和谐，充分发挥绿色设施的蓄、滞、渗、净、排的多种功能，为我国旧城改建中融入海绵城市建设理念提供了示范。

以上两个案例显示，城市雨洪管理并不是灰色和绿色措施的竞争，或场地与流域管理的对立。只有和 LID 结合，由"绿色纽带"贯穿，最终和流域自然系统连接成整体，才能发挥最大效益，形成完整的、灰色与绿色结合、局部与整体连接的可持续城市雨洪管理基础设施。

案例3 集娱乐休闲与雨洪蓄滞于一体——荷兰鹿特丹市的本森雨洪广场

为解决雨季暴雨成灾的问题，荷兰鹿特丹市采取了一系列措施，其中最具创新的是修建雨洪广场。该广场由 3 个蓄水池组成，雨洪广场不仅解决了附近社区的洪涝问题，还为居民提供了休闲娱乐场所。

该案例将雨洪管理功能融入城市娱乐休闲设施，既突破了土地奇缺的局限性，又能提高城市景观多样性，同时构建了雨洪设施相互连接的整体框架。此外，作为城市娱乐休闲设施之一，该雨洪广场的运行维护经费来源可以落实，保障了其可持续性。

案例4 污水处理艺术化——加拿大多伦多舍博恩公园

舍博恩公园建于一片工业废弃场地上，地势低洼，雨季时附近城区合流管网溢流的污水通常集积在这里。设计人员综合考虑城市建设、景观设计、住房开发和公共设施,将污水处理与景观建筑,工程和公共艺术融于一体,修建了世界上第一个融污水处理于城市园林中的艺术奇观。

该公园的地下修建了雨污蓄滞沉积净化设施。地面径流由排水管网收集后排入地下沉积设施,进行固体悬浮物质沉淀。澄清的水输送到设置于一座公共亭台地下室的紫外线水处理设施,不仅将雨洪管理功能融入城市娱乐休闲,还突出体现了其艺术价值。地下-地上相结合的污水处理方式增加了多功能特性,保护了水质;其高超的艺术设计提高了城市景观美感,成为北美景观热点之一。

案例 5　德国弗莱堡市扎哈伦广场

该广场完全摆脱了污水处理系统,是一个很好的水敏性城市设计的案例。种植池提供了渗透点,拥有创新式内置过滤基质的地下砂石沟渠减轻了污水处理系统的水压负载。缩进的广场区域创建了一个地表防洪区,雨水没有汇入地下污水处理系统,而是补给地下水位。

案例 6　新加坡 JTC 清洁科技园

JTC 清洁科技园区被构想为设置于热带雨林地区的首个商业园区,园区占地面积 $50hm^2$,一个 $5hm^2$ 的绿色核心坐落在它的中心区域。作为设计园区的绿肺,此绿色核心不仅为人类居住者同时也为该场地内的生物提供了一个休息的场所。建筑群的一侧与城市相接,而另外一侧则朝向森林。现有的生态栖息地,包括草地、林地和泥炭沼泽区都被尽可能地保留。现存的野生动物种被记录,通过增加植被种植,为野生动植物提供食物和栖息地,自然野生动物廊道功能被增强,将场地与更大范围的周边环境相连。自然地形被保留,天然的水元素被应用,以支持现有的场地水文流动。在那里,雨水将被保留在沼泽湿地之中,并通过生态净化群落进行循环和进一步的净化处理,加以重新利用(如冲厕)。

案例 7　中国哈尔滨群力雨洪公园

该公园占地 $34.2hm^2$,设计目标是从解决城市问题出发,利用城市雨洪,将公园转化为城市雨洪公园,从而为城市提供多重生态系统服务:它可以收集、净化和储存雨水,经湿地净化后的雨水补充地下水含水层,同时,通过巧妙设计,雨洪公园可以成为市民休憩的良好去处,并带动城市的发展。

总体的设计理念是，通过最少的工程量来实现城市、建筑及人的活动与洪涝过程的和谐，实现城市绿地的综合生态系统服务功能。场地的转换设计，使湿地的多种功能得以彰显：包括收集、净化、储存雨水和补给地下水。昔日的湿地得到了恢复和改善，乡土生物多样性得以保存，同时为城市居民营造了舒适的居住环境。

材料 2　江西赣州福寿沟

福寿沟是一处地下水利工程。它位于江西赣州，修建于北宋时期，工程由数度出任都水丞的水利专家刘彝主持，是罕见的成熟、精密的古代城市排水系统。它根据街道布局和地形特点，采取分区排水的原则，建成了两个排水干道系统。赣州古城防洪排涝系统分为 4 个部分：下水道（福寿沟）、水塘、水窗、城墙。

图 4-6 是一张清朝时期绘制的图，其是赣州古城的下水道系统，因为整个水道像是篆体的"福"字和"寿"字，所以得名福寿沟。福寿沟主沟支渠遍布赣州古城，和地面的雨漏、明沟等相连，汇集全城的雨水和生活污水（那时候还没有雨污分流的概念）。水窗（排水口）把城内的下水排放到章江和贡江中。整个古城当时建有 12 个这样的水窗。

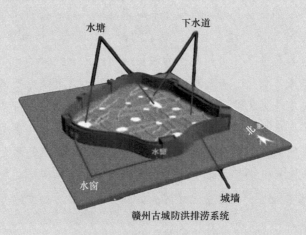

赣州古城防洪排涝系统

图 4-6　赣州古城防洪排涝系统

城墙（防洪堤）：赣州古城的城墙高大坚固，除青砖筑墙外，还用铁水浇筑砖缝。这道城墙在战时是整个城市的屏障和防御工事。

福寿沟与清水塘、荷包塘、蕹菜塘、花园塘、铁盔塘等几十口池塘连通起来。

一旦城外江面涨水，水窗关闭，这些水塘就起到蓄水池的作用，消除内涝。

福寿沟虽经历了 900 多年的风雨，但至今仍完好畅通，并继续作为赣州居民日常排放污水的主要通道。

材料 3　巴黎地下博物馆

巴黎的下水道修建于 19 世纪中期，从地面看并不特别，但是聪明的巴黎人将下水道建成了一所地下博物馆（图 4-7），每年都有近 10 万游客来此参观。在 19 世纪就能够设计出这样复杂的下水道系统，确实是一个超前于时代的创举（图 4-8）。

图 4-7　地下博物馆　　　　　　　图 4-8　现代巴黎下水道系统

1999 年，巴黎完成了对城市废水和雨水的 100% 处理，保障了塞纳河免受污染。这个城市的下水道和它的地铁一样，经历了上百年的发展历程才有了今天的模样。除了正常的下水设施以外，这里还铺设了天然气管道和电缆。

在巴黎，如果你不小心把钥匙或是贵重的戒指掉进了下水道，是完全可以根据地漏位置把东西找回来的。下水道里也会标注街道和门牌号码。你所需要的只是拨个电话，并且这项服务是免费的！完备的设施和人性化的设计背后，凝聚了几代人的心血和智慧。

材料 4　伦敦下水道

2003 年，英国广播公司（British Broadcasting Corporation，BBC）拍摄完成了一套纪录片，英文名是 "Seven Wonders of the Industrial World"。内容是介绍自工业革命以来世界各地的七大工业奇迹。伦敦下水道就是这七大工业奇迹之一（图 4-9）。

工业革命之后，伦敦不断爆发各种流行病，当时伦敦死于霍乱的人数超过 14000 人。当时的伦敦人认为是臭气导致的霍乱，只要把污染物冲入下水道就可以解决。1856 年，巴瑟杰承担了设计伦敦新的下水系统的任务。最初的设计方案是地下排水系统全长 160km，位于地下 3m 的深处，需挖掘土方 350 万 t。但是他的方案遭到伦敦市政当局的否决，理由是该系统不够可靠。巴瑟杰修改后的计划也连续 5 次被否决。后来迫于舆论压力，伦敦官员不得不同意通过方案。

1859 年，伦敦地下排水系统改造工程正式动工。但是，工程规模已经扩大到全长 1700km 以上，下水道在伦敦地下纵横交错，基本上是把伦敦地下挖成蜂窝状。因此，有人担心，地下被挖空的伦敦会不会坍塌。为了解决这个问题，工程部门特地研制了新型高强度水泥。为了保证水泥的质量，巴瑟杰发明了一套检验方法，该方法成为现代各种商品质量检验的先驱。用这种新型高强度水泥一共制造了 3.8 亿块混凝土砖，构成了坚固的下水道。1865 年，工程终于完工。工程实际长度超过设计方案，全长达到 2000km。工程完成的当年，伦敦的全部污水都被排往大海。从此伦敦再无霍乱。如今，人们行走在伦敦的大街上，丝毫不会觉察伦敦地下庞大的污水渠的存在，但是却享受着它的恩惠。巴瑟杰对于现代伦敦及现代大都市的建设功不可没，因此伦敦市民为他塑立了一座雕像。

图 4-9　伦敦下水道

材料 5　东京下水道

除了地震以外，对日本影响最大的恐怕就是台风和挟裹而来的大雨。20 世纪 50 年代末，日本工业经济进入高速发展通道，却因为下水道系统的落后饱受城市内涝之苦，一到暴雨季节，道路上水漫金山，地铁站变成水帘洞。为了解决恶化的环境污染问题，1964 年 4 月，日本成立了下水道协会，主旨是对下水道系统进行全面评估，统一下水道建设及排污标准，将老化的管道更新换代。日本首都东京的地下排水标准是五至十年一遇（一年一遇是每小时可排 36mm 雨量，北京市排水系统设计的是一至三年一遇），最大的下水道直径在 12m 左右。

东京下水道的每一个检查井都有一个 8 位数编号，只要知道编号就能便于维修人员迅速定位（图 4-10）。

图 4-10　东京下水道系统

材料 6　慕尼黑市政排水系统

慕尼黑的市政排水系统（图 4-11）的历史可以追溯到 1811 年，当时的执政官 Karl Probst 修了一条 20km 的阴沟渠，将污水引向了伊萨尔河（Isar River）。后来经几代人的发展，到了第二次世界大战前，慕尼黑市政排水有了里程碑式的发展，第一个污水处理厂 GLt GroBlappen 在慕尼黑建成。而到了 1989 年，慕尼黑市的第二个污水处理厂 Gut Marienhof 落成，是慕尼黑现在最大、最重要的污水处理设施。

图 4-11　慕尼黑地下排水系统

第5章 城市给水处理概述

5.1 给水常规处理

地表水作为饮用水源时，给水处理工程的主要去除对象是悬浮物、胶体和致病微生物，常规处理工艺包括混凝、沉淀、过滤、消毒等单元[1]。

1. 混凝

水中常常含有自然沉降法不能去除的悬浮颗粒和胶体微粒。因此，对于这类原水，需要首先投加化学药剂——混凝剂来破坏胶体和悬浮微粒在水中形成的稳定分散体系，使其聚集为具有明显沉降性能的絮凝体，该过程称为混凝。混凝包括凝聚和絮凝两个过程，其中凝聚是指使胶体脱稳并聚集为微絮粒的过程；而絮凝则是指微絮粒通过吸附、卷带和桥连而成长为更大的絮体的过程。混凝所形成的絮凝体可通过重力沉降法予以分离。

1）混凝剂

水处理中为了促使水中胶体颗粒脱稳及悬浮颗粒相互聚结沉淀，常常投加一些化学药剂，这些药剂统称为混凝剂。饮用水处理中使用的混凝剂一般应满足以下要求：混凝效果好；不影响人体健康；货源充足；价格低廉。

混凝剂按化学成分可分为无机和有机两大类，按分子量大小又分为低分子无机盐混凝剂和高分子混凝剂。有机混凝剂品种很多，主要是高分子物质，但在水处理中应用较少。无机混凝剂主要是铁盐和铝盐及其聚合物，在水处理中用得最多。常用的铁盐混凝剂有硫酸亚铁、三氯化铁、聚合硫酸铁、聚合氯化铁等。

铝盐和铁盐作为混凝剂在水处理过程中发挥以下三种作用：铝离子或铁离子和低聚合度高电荷的多核羟基配合物的脱稳凝聚作用、高聚合度羟基配合物的桥连絮凝作用及氢氧化物溶胶形成的网捕絮凝作用。

混凝剂的投配方法分为干投法和湿投法两种，在实际中一般采用湿投法。采用湿投法时，需将固体混凝剂溶解，配成一定浓度的溶液后再投入水中。

2）助凝剂

水处理中常常投加一些辅助药剂以提高混凝效果，这种药剂被称为助凝剂。

投加助凝剂是为了改善絮凝体的结构，促使细小而松散的颗粒聚结成粗大密实的絮凝体。例如，处理低温低浊度水时，采用铝盐或铁盐混凝剂形成的絮粒往往细小松散，不易沉淀。而投加少量的活化硅助凝剂后，絮凝体的尺寸和密度明显增大，沉速加快。

助凝剂本身可起凝聚作用，也可以不起凝聚作用，但和混凝剂一起使用时，它能促进水的凝聚过程，产生大而结实的矾花。常用的助凝剂有酸碱类（用以调整水的 pH）、绒粒核心类（用以改善矾花结构）和氧化剂类（用以去除干扰混凝作用的有机物）等。

3）混合与反应

混合的目的在于使药剂迅速均匀地扩散到水中，并与水中的悬浮微粒等接触，生成微小的矾花。这一过程要求搅拌强度要大，使水流产生激烈的湍流。

反应的任务是使细小的矾花逐渐絮凝成较大的颗粒，以便于沉降去除。反应过程中要求水流有适宜的搅拌强度，既要为细小絮体的逐渐长大创造良好的碰撞机会和吸附条件，又要防止已形成的较大矾花被碰撞打碎。因此，混凝过程中的搅拌强度是由大逐渐减小的。

4）影响混凝的主要因素

水温、水质及水力条件等因素都会影响混凝处理的效果。

水温会影响无机盐类的水解，水温低时，水解反应速度变慢。水的黏度与水温也有关系，水温低则水的黏度变大，絮凝体不易形成。pH 不同，铝盐和铁盐水解产物的形态也不同，混凝效果就不一样。杂质颗粒级配越单一、越均匀、越细，越不利于混凝。杂质的化学组成、带电性能、吸附性能也都对混凝有影响。杂质的浓度过低将不利于颗粒间的碰撞，从而影响凝聚。

2. 沉淀

水中的固体悬浮颗粒依靠重力作用从水中分离出来的过程称为沉淀。沉淀分为自由沉淀、拥挤沉淀和压缩沉淀。在水处理中，通过颗粒沉降来分离去除悬浮物质的构筑物称为沉淀池。沉淀池的工作原理是待处理水在池中缓慢流动，悬浮物在重力作用下沉降。给水处理中常用的沉淀池有平流式沉淀池、辐流式沉淀池、斜板（斜管）沉淀池等[2]。

1）平流式沉淀池

平流式沉淀池使用最多。从平面上来看，它是一个长方形的池子，分为进水区、出水区、沉淀区和污泥区（图 5-1）。原水从池一端流入，沿水平方向在池内流动，水中悬浮物逐渐沉向池底，澄清水从另一端流出。污泥区的污泥通过吸泥机或排泥管排出池外。

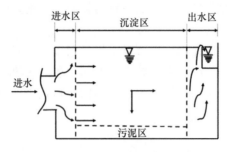

图 5-1 平流式沉淀池示意图

2）辐流式沉淀池

辐流式沉淀池是直径较大、水深相对较浅的圆形池子，直径 20～100m。图 5-2 为中央进水的辐流式沉淀池示意图，水由池中心进水管入池，沿半径方向向池四周辐射流动。悬浮物在流动中沉降，并沿池底坡度进入污泥斗，澄清水从池周溢流入出水渠。

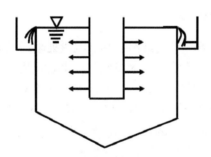

图 5-2 中央进水的辐流式沉淀池示意图

辐流式沉淀池排泥方便，当原水泥沙量较大时，常采用辐流式沉淀池。辐流式沉淀池直径较大，宜采用机械排泥。

3）斜板（斜管）沉淀池

斜板（斜管）沉淀池是利用浅池沉降原理（即在同样的水流断面面积条件下，湿周越大，水力半径越小，沉降效果越好）而设计的池型（图 5-3）。为了让沉到底部的污泥便于排除，把浅的沉淀区倾斜 60°设置，以使污泥能顺利滑下，沉淀区用斜板因此被称为斜板沉淀池，如将斜板做成蜂窝形或波纹形管，则称其为斜管沉淀池[3]。

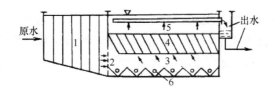

图 5-3　斜板（斜管）沉淀池示意图
1-配水区；2-穿孔花墙；3-布水区；4-斜板（斜管）；5-清水区；6-排泥管

3. 过滤

在饮用水处理工艺中，过滤通常设于沉淀池之后，是利用过滤材料截留混凝沉淀后水中的残留悬浮颗粒和胶体（包括细菌、病毒和原生动物等病原生物），使水的浊度降至 1NTU 以下。根据采用的过滤介质的结构不同，过滤可分为粗滤、微滤、膜滤、粒状材料过滤。粒状材料过滤是饮用水处理中最常见的形式。石英砂是最常见的粒状材料，也称其为滤料。滤料所构成的滤层能截留水中从数十微米到胶体级的微粒[4]。

水处理中常用的是普通快滤池，主体包括进水渠（集水渠）、冲洗排水槽、滤料层、承托层和配水系统五个部分。其过滤操作包括过滤和反冲洗两个基本阶段，过滤即截留污染物；反冲洗即把截留的污染物从滤料层中洗去，恢复滤料层的过滤能力。因此，这种过滤方式是按照过滤-反冲洗-过滤-反冲洗的次序周期性地进行操作的。

4. 消毒

水中微生物往往会黏附在悬浮颗粒上，为防止疾病传播，保证用户安全用水，对于生活饮用水，消毒过程是必不可少的。消毒并非是把水中微生物全部消灭，而是主要消除水中的致病微生物，包括病菌、病毒及原生动物孢囊等。

消毒的方法有很多，包括氯消毒、臭氧消毒、紫外线消毒等。

氯消毒历史悠久、经济有效、使用方便，是目前应用最广泛的消毒方法。自 20 世纪 70 年代发现受污染原水经氯消毒后会产生三卤甲烷等有害健康的消毒副产物以来，各国便开始重视其他消毒方法与消毒剂的研发。对于不受有机物污染或在消毒前已预先去除消毒副产物的前驱物的水源来说，氯消毒仍是安全、有效、经济方便的消毒方法。

臭氧既是消毒剂，又是强氧化剂，可以迅速杀灭细菌、病毒等。由于臭氧在水中很不稳定，易分解，故在臭氧消毒后，往往仍需投加少量氯、二氧化氯或氯胺以维持水中消毒剂余量。臭氧极少单独作为消毒剂使用。臭氧的主要优点是不产生三卤甲烷等副产物，其杀毒和氧化能力均比氯强。

紫外线消毒是通过水银灯发出的紫外线穿透细胞壁并与细胞质反应以达到消

毒的目的，其优点是消毒速度快，效率高，不影响水的物理性质和化学成分，不增加水的嗅和味，操作简单，便于管理，易于实现自动化。但紫外线消毒不能解决消毒后在管网中二次污染的问题，且电耗较大，水中悬浮杂质妨碍光线投射。

5.2 给水深度处理

给水深度处理是在常规处理工艺（混凝、沉淀、过滤、消毒）的基础上，对水中大分子有机物继续进行处理，以提高处理水的质量的过程。常用的给水深度处理工艺有活性炭吸附、臭氧-生物活性炭、膜分离等[5]。

1. 活性炭吸附

活性炭吸附是在常规处理的基础上去除水中有机污染物最有效、最成熟的深度处理技术。活性炭是一种具有较大吸附能力的多孔性物质，是一种非极性吸附剂，对水中的非极性、弱极性有机物质有很好的吸附能力，其吸附作用主要源于表面的物理吸附作用。对于物理吸附而言，它的选择性低，相比多层吸附，脱附相对容易，有利于活性炭吸附饱和后的再生。活性炭吸附对水中多种污染物有广泛的去除作用。活性炭可以有效去除引起水中臭味的物质，对重金属离子、芳香族化合物、多种农药等也有很好的吸附能力。

活性炭依其外观形式，分为粒状炭（GAC）和粉状炭（PAC）两种。粒状炭的处理方式一般为粒状活性炭滤床过滤，经过一段时间吸附饱和后的活性炭被再生后重复使用。粉状炭多用于给水的预处理，例如，在混凝时投加到水中，吸附水中的有机物后在沉淀时与矾花一起从水中去除，所投加的粉状炭属一次性使用，不再进行再生。与粉状炭相比，粒状炭过滤的处理效果稳定，出水水质好，吸附饱和后的活性炭可以再生重复使用，运行费用较低，因此水厂一般都使用粒状炭吸附技术。

2. 臭氧-生物活性炭

臭氧-生物活性炭是在欧洲饮用水处理的实践中产生的，即以预臭氧代替预氯化，臭氧氧化出水中的有机物的可生物降解性大为提高，水中剩余臭氧可以被活性炭迅速分解，另外臭氧氧化出水中的溶解氧浓度较高（因臭氧化气体的曝气作用），臭氧后设置的生物活性炭床中生长了大量的微生物，使水中不可生物降解的有机物变成可生物降解的有机物，增强被处理水的可生物降解性，为生物活性炭中微生物的降解创造条件，并降低活性炭的物理吸附负荷。

在生物活性炭床中，活性炭起着双重作用。首先，它是一种高效吸附剂，吸附水中的污染物质；其次，它作为生物载体，为微生物的附着生长创造条件，并通过这些微生物对水中可生物降解的有机物进行生物分解。

图 5-4 为采用臭氧-生物活性炭技术的德国 Dohne 水厂处理工艺流程图。

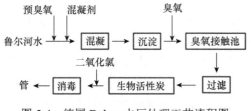

图 5-4　德国 Dohne 水厂处理工艺流程图

3. 膜分离

膜分离是 20 世纪 70 年代发展起来的水处理新技术,在 90 年代得到飞速发展,被认为是最有前途的水处理技术。

膜分离技术以压力为推动力、利用不同孔径的膜完成水与水中颗粒物质（离子、分子、病毒、细菌、黏土、沙粒等）筛除分离的技术。根据膜孔径从大到小排列，可以把膜滤分为微滤、超滤、反渗透和纳滤 4 种。

微滤膜的孔径为 $0.05\sim5\mu m$，配合混凝剂的使用，能够去除水源水中的悬浮颗粒、胶体物质和细菌。微滤可以替代给水常规处理中的混凝、沉淀、过滤工艺，在一个设备中便可实现常规工艺多个处理构筑物才能完成的净水效果，并成功地用于小型地表水净水厂。

超滤膜的孔径为 $0.01\sim0.1\mu m$，可以去除相对分子质量在 $300\sim300000$ 的大分子、细菌、病毒和胶体微粒。大多数家用净水器中都设有中空纤维超滤膜来截留水中的杂质颗粒和细菌。

反渗透膜的孔径为 $2\sim3nm$，除了水分子外，其他所有杂质颗粒（包括离子）都不能通过反渗透膜，因此反渗透膜分离得到的水为纯水。反渗透技术已经广泛用于海水淡化、苦咸水脱盐、工业给水高纯水的制备（电子工业用水、锅炉给水等），近年来迅速发展起来的饮用纯净水、优质直饮水的核心技术就是反渗透。

纳滤膜的孔径略大于反渗透膜，可以截留二价以上的离子和其他颗粒，所透过的只有水分子和一些一价的离子（钠离子、钾离子、氯离子等）。纳滤可以用于生产直饮水，出水中仍保留一定的离子，比纯水有益于健康，并可降低处理费用。

膜分离技术不需要投加药剂，去除的污染物范围广，可通过选用不同的膜来实现预定的分离效果，运行可靠，设备紧凑，易于实现自动控制。但其设备费和运行费高，运行中膜易堵塞，需要定期进行化学清洗，前处理要求较高，存在浓缩液的处理与处置问题等。近年来随着膜材料价格的不断降低，膜分离技术在水处理应用中具有越来越强的竞争力。

5.3 微污染水源水处理

我国城镇供水环境污染日益严重，城市水域受污染率高达90%以上，不少城市供水水源受到威胁。微污染水源是指被微量和痕量有毒有害的污染物污染的城市给水水源。这类水中所含的污染物种类较多、性质较复杂，但浓度比较低，主要的污染物包括有机物、农药、氨氮、亚硝酸盐氮、藻类、重金属、三致物质等。

根据水源水的水质和出水的水质要求，针对微污染水源水的现状，提高饮用水水质的有效方法主要有增加预处理、强化常规处理、深度处理。

1. 增加预处理

一般把加在传统净化工艺之前的处理工序称为预处理。预处理采用适当的物理、化学和生物处理方法，对水中的污染物进行初级去除，使常规处理能更好地发挥作用，减轻常规处理和深度处理的负担，改善和提高饮用水水质。微污染水源水预处理技术包括吸附预处理、化学氧化预处理、生物预处理。

吸附预处理主要是利用吸附剂的吸附特性去除微污染水源水中的有机污染物，常用的吸附剂有活性炭、黏土、硅藻土、沸石等，可以明显降低水的色度、嗅度和各项有机物指标。但吸附预处理技术目前也存在吸附剂的回收再利用问题，如果所投加的吸附剂不能有效地再生利用，将增加工艺的运行费用，同时系统的排泥量也会加大。因此，寻求价廉、可方便再生的吸附剂是微污染水源水吸附预处理需要研究和解决的主要问题。

化学氧化预处理是指在原水中加入强氧化剂，利用强氧化剂的氧化能力破坏水中的污染物结构，从而去除水中的有机物，提高混凝沉淀的效果。目前研究比较多的氧化剂有高锰酸钾、氯气、臭氧、过氧化氢等。

生物预处理是指在常规净水工艺之前，增设生物处理工艺，借助微生物群体的新陈代谢活动，去除水中可生化有机物，特别是低分子可溶性有机物、氨氮、亚硝酸盐、铁、锰等污染物。由于在低营养条件下生存的贫营养微生物通常是以生物膜的形式存在的，所以微污染水源水的生物预处理方法主要是生物膜法。

2. 强化常规处理

强化常规处理的措施主要有加强混凝，降低出水浊度；调整水的pH，除去有机污染物；减少消毒副产物的产生；利用滤料的生物作用。

3. 深度处理

微污染水源水的深度处理目前研究和应用较多的有臭氧氧化、活性炭吸附、臭氧-活性炭、膜过滤、光催化氧化等。深度处理技术是目前微污染水源水处理领域研究和关注的热点之一，也是提升处理水水质、应对地表水水源污染严重的最有效的对策之一。

5.4　地下水源水处理

地下水就是存在于地层中的水体，其中包括浅层地下水和深层地下水。地下水具有较好的水质，且不易受污染、水温稳定，因此常作为生活、生产用水水源而优先考虑。我国很多地区地下水中铁、锰含量超标，影响生活用水对色、味、嗅等感官指标的要求，还会影响造纸、纺织、印染、化工、皮革等工业用水的水质。因此，当以含铁、锰的地下水作为水源时，必须进行除铁、除锰处理[6]。有些地下水中含有氟，使用前也必须进行处理。

5.4.1　主要处理技术

地下水中铁的含量一般为 $5\sim10mg/L$，主要是 Fe^{2+}，有的地区还有 Fe^{3+}。Fe^{2+} 以 $FeOH^+$、$Fe(OH)_3^-$、$Fe(HCO_3)_2$ 或无机、有机络合物的形式存在，Fe^{3+} 则只以无机、有机络合物的形式存在。含锰量一般为 $0.5\sim2.0mg/L$，常以 Mn^{2+} 的形式存在。

1. 地下水除铁

Fe^{2+} 在水中是极不稳定的，如果 Fe^{2+} 以 $FeOH^+$、$Fe(OH)_3^-$、$Fe(HCO_3)_2$ 的形式存在，在水中加入氧化剂后，Fe^{2+} 能迅速被氧化成 Fe^{3+}，Fe^{3+} 在水中的溶解度很低，很快由离子状态转化为絮凝胶体 $Fe(OH)_3$ 状态，很容易从地下水中分离出来。当 Fe^{2+} 以无机、有机络合物的形式存在时，氧化速度将大大降低。地下水经曝气充氧后，水中的二价铁离子发生如下反应。

$$4Fe^{2+} + O_2 + 10H_2O \longrightarrow 4Fe(OH)_3 \downarrow + 8H^+$$

实践证明，提高 pH 可使氧化速率提高，如果 pH 较低，氧化速度则明显变慢。

按常用的氧化剂可将除铁的方法分为空气氧化法和药剂（如 Cl_2、$KMnO_4$ 等）氧化法两大类，空气氧化法又可分为直接氧化法和接触氧化法两种。由于接触氧化法最为经济、流程简单，所以应用最为广泛。接触氧化法是含铁地下水经曝气后，直接进入滤池，在滤料表面活性滤膜的催化作用下，将 Fe^{2+} 氧化成 Fe^{3+}，并附着在滤料表面，以达到去除铁的目的[7]。地下水除铁常用方法及特点如表 5-1 所示。

表 5-1　地下水除铁常用方法及特点

除铁方法	工艺流程	特点	适用条件
直接氧化法	原水→曝气→反应→过滤 原水→曝气→反应→沉淀→过滤	效果好,构筑物体积大,投资和运行费用高,应用较少	含铁量较高时;含有其他悬浮杂质需要混凝处理时
接触氧化法	原水→曝气→过滤	流程简单,处理费用低,可进行压力过滤,应用较多	原水含铁量不高时
药剂氧化法	原水→加药混合→反应→过滤 原水→加药混合→反应→沉淀→过滤	效果好,运行费用高,应用较少	原水中铁以络合物形式存在,用空气中的氧难以氧化时

2. 地下水除锰

锰常与铁共存于地下水中,其化学性质与铁相近,但在水体呈中性时,几乎不能被溶解氧所氧化,必须在催化剂的作用下才能被氧化,因此仅靠直接氧化法不能去除锰,地下水除锰相比除铁更困难。

与充氧含铁水一样,在过滤过程中,滤料表面逐渐生成活性膜,在活性膜的催化剂作用下,锰发生如下氧化反应。

$$2Mn^{2+} + O_2 + 2H_2O \longrightarrow 2MnO_2 + 4H^+$$

水中溶解氧在滤料表面将二价锰氧化成四价锰,并附着在滤料表面上,同时水中的 pH 下降。对成熟的滤料进行研究发现,在滤料表面有高价铁锰化合物和大量的细菌,它们优先吸附二价铁锰离子,然后再进行氧化。

3. 地下水除氟

氟在自然界中分布极为广泛,地下水源不同程度地含有氟离子。一般认为,微量的氟是人体所必需的,有利于骨骼的坚固性,有一定的防龋作用。但过量的氟对人体是有害的,主要损害牙齿的釉质、骨骼的成骨和破骨活动,并影响全身各组织器官,轻者出现氟斑牙和全身各个骨骼及关节部位疼痛等症状,较重者呈现关节僵硬及运动机能障碍,严重者呈现躯干变形和瘫痪,以致造成终身残疾。

地下水的除氟方法主要有吸附过滤法、离子交换法、混凝法、电渗析法、反渗透等,其中应用较多的是吸附过滤法,作为滤料的吸附剂主要是活性氧化铝和骨炭。

1）活性氧化铝过滤法

活性氧化铝是两性物质,等电点约在 9.5,当水的 pH 小于 9.5 时可吸附阴离子,对氟有极大的选择性,当水的 pH 大于 9.5 时可吸附阳离子。除氟用的活性氧化铝为白色颗粒状多孔吸附剂,有较大的表面积。活性氧化铝在使用前需进行活化，活化的反应如下。

$$(Al_2O_3)_n \cdot 2H_2O + SO_4^{2-} \longrightarrow (Al_2O_3)_n \cdot H_2SO_4 + 2OH^-$$

除氟时的反应如下。

$$(Al_2O_3)_n \cdot H_2SO_4 + 2F^- \longrightarrow (Al_2O_3)_n \cdot 2HF + SO_4^{2-}$$

活性氧化铝失去除氟能力后，可用 1%～2%浓度的硫酸铝溶液再生，再生反应如下。

$$(Al_2O_3)_n \cdot 2HF + SO_4^{2-} \longrightarrow (Al_2O_3)_n \cdot H_2SO_4 + 2F^-$$

活性氧化铝除氟工艺可分成原水调节 pH 和不调节 pH 两类。调 pH 时为减少酸的消耗和降低成本，多将 pH 控制在 6.5～7.0。除氟装置的接触时间应在 15min 以上。

2）骨炭过滤法

骨炭是兽骨燃烧后去掉有机质的产品，主要成分是磷酸三钙和炭，起除氟作用的是磷酸三钙，因此又称为磷酸三钙过滤法。关于骨炭中磷酸三钙的分子式，国外认为是 $Ca_3(PO_4)_2 \cdot CaCO_3$，国内认为是 $Ca_{10}(PO_4)_6(OH)_2$。除氟反应如下。

$$Ca_{10}(PO_4)_6(OH)_2 + 2F^- \rightleftharpoons Ca_{10}(PO_4)_6 \cdot 2F + 2OH^-$$

当原水中氟含量高时，反应向右进行，氟被去除。骨炭已被推荐用于发展中国家饮水除氟，其工艺流程如图 5-5 所示。但由于骨炭易溶于酸，只能在 pH=7 左右运行，而且磨耗较大，美国从 1971 年起停止使用。我国目前应用骨炭除氟剂的数量仅次于活性氧化铝。

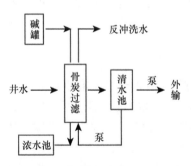

图 5-5　骨炭除氟工艺流程

骨炭吸附一定时间后需再生方可恢复活性。一般用 1%的 NaOH 溶液浸泡，然后再用 0.5%的硫酸溶液中和。再生时水中的 OH^-浓度升高，反应向右进行，使滤层得到再生又成为磷酸三钙。骨炭过滤法除氟较活性氧化铝过滤法的接触时间短，只需 5min，且价格比较便宜，但是机械强度较差，吸附性能衰减较快。

4. 地下水的消毒

如果地下水未受到污染，就无需其他水处理程序，只需消毒即可；如果是加氯消毒，其加氯量与经过混凝沉淀过滤后的清洁地表水一样。

5.4.2 主要处理工艺

接触氧化法除铁、除锰包括曝气和过滤两个单元[8]，其工艺流程如图 5-6 所示。

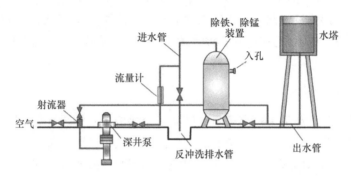

图 5-6 接触氧化法除铁、除锰工艺流程

1. 曝气

曝气的目的就是向水中溶入氧，以满足氧化二价铁的需要，有时也有去除水中二氧化碳以提高 pH 的作用。除铁和除锰的理论需氧量均可根据方程式计算得出。曝气方式有多种形式，常用的有跌水曝气、射流曝气、莲蓬头曝气和曝气塔曝气等。

2. 过滤

过滤就是通过滤料对铁、锰离子的黏附和截留作用去除水中的铁、锰的过程。在地下水处理工艺设备中，常规的过滤器包括：压力锰砂过滤器、压力石英砂过滤器和核桃壳过滤器；精细过滤器又包括：纤维球过滤器、金属烧结管过滤器和陶瓷烧结管过滤器。

如果水中铁、锰含量很高，一级过滤不能获得合格水，可设置两个滤池进行过滤，即两级过滤，前一个滤池除铁，后一个滤池除锰；或采用双层滤料过滤，上层除铁，下层除锰（图 5-7）。

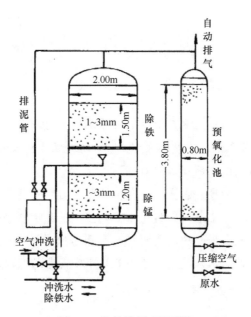

图 5-7　除铁除锰双层滤池

参 考 文 献

[1]　严煦世, 范瑾初.给水工程.北京: 中国建筑工业出版社, 2006.

[2]　胡振鹏, 傅春, 金腊华, 等. 水资源环境工程.南昌: 江西高校出版社, 2003.

[3]　史惠祥. 实用水处理设备手册.北京: 化学工业出版社, 2000.

[4]　蒋克彬. 水处理工程常用设备与工艺.北京: 中国石化出版社, 2010.

[5]　李四林. 水资源危机: 政府治理模式研究.武汉: 中国地质大学出版社, 2012.

[6]　许有鹏. 城市水资源与水环境.贵阳: 贵州人民出版社, 2003.

[7]　薛惠锋, 程晓冰, 乔长录, 等. 水资源与水环境系统工程.北京: 国防工业出版社, 2008.

[8]　陈惠源, 万俊. 水资源开发利用.武汉: 武汉大学出版社, 2001.

阅读材料

材料 1 北京第九水厂给水处理

北京市自来水集团第九水厂（以下简称九厂）设计规模为 100 万 m³/d，分两期建设。一期工程取水地点是怀柔水库，二期工程从密云水库潮河库区取水，在潮河库九松山村坝以东新建取水口。

水处理主要去除浊度、色度、嗅度和藻类。九厂采用常规处理加深度处理工艺，即混凝、沉淀、过滤、炭吸附处理工艺。在设计中考虑了根据原水水质变化采用直接过滤或常规处理的灵活性，当原水浊度低于 5 NTU 时，可跨越沉淀池直接过滤，在原水浊度大于 5 NTU 时及藻类高发期启用沉淀池。工艺流程见图 5-8。

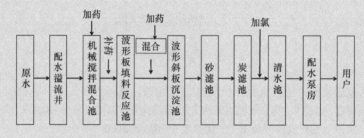

图 5-8 九厂工艺流程图

混合混凝的效果取决于混合的效果，采用碱式铝作为混凝剂，利用快速轴流机械搅拌器使混凝剂快速均匀地扩散到整个水体中，同时，使用流动电流仪实时测量，根据水质变化自动控制加药量，保持最佳混凝效果。反应采用推流式大波形板填料水力反应池，该水力反应池的能量输入是均匀的，使经过混凝的矾花颗粒由小到大，由大变实，具有较好的沉淀性。沉淀选用了效率高、适合于集团式布置的侧向流波形斜板沉淀池。在波形斜板的沉淀过程中，水流与矾花颗粒下沉所形成的泥流垂直，水泥互不干扰。再加上波形斜板本身具有沉泥沿波谷滑下、形成泥束、集泥条件好的优点，可以获得较为理想的沉淀效果。过滤为确保出水水质，加长运行周期，砂滤池用了厚滤床均质滤料，气水联合反冲洗，等水头等滤速过滤。消毒采用氯消毒，最后将水通过配水泵房运输到用户。

材料 2　深度处理技术在饮用水处理中的应用

1. 饮用水的分类

目前，我国的饮用水分为两大类。

第一类：饮用纯净水及其他饮用水。包装饮用水是指封闭于符合食品安全标准和相关规定的包装容器中，可供直接饮用的水。按《食品安全国家标准　包装饮用水》（GB 19298—2014），将包装饮用水分类如下。

（1）饮用纯净水。饮用纯净水是指以符合生活饮用水卫生标准的水作为原水，采用电渗析法、反渗透法、离子交换法、蒸馏法或其他水净化工艺，加工制成的包装饮用水。由于去除了水中所有的微量矿物成分，其口感较寡淡。

（2）其他饮用水。一种是以非公共供水系统的地表水或地下水为生产用原水，其水质应符合《生活饮用水卫生标准》（GB 5749—2006）的要求，仅允许通过脱气、曝气、倾析、过滤、臭氧氧化作用或紫外线消毒杀菌等有限的处理方法，不改变水的基本物理化学特征的自然来源饮用水。另一种是以符合生活饮用水卫生标准的水作为原水，经适当的加工处理，可适量添加食品添加剂，但不得添加糖、甜味剂、香精香料或者其他食品配料加工制成的包装饮用水。

第二类：饮用天然矿泉水、饮用天然泉水、其他天然饮用水。

（1）饮用天然矿泉水。饮用天然矿泉水是从地下深处自然涌出的或经钻井采集的，含有一定量的矿物质、微量元素或其他成分，在一定区域未受污染并采取预防措施避免污染的水；在通常情况下，其他成分、流量、水温等动态指标在天然周期波动范围内相对稳定。具体相关内容见《饮用天然矿泉水》（GB 8537—2008）。

（2）饮用天然泉水。饮用天然泉水是指采用地下自然涌出的泉水或经钻井采集的、未受污染的地下泉水且未经过公共供水系统的水源制成的产品。

（3）其他天然饮用水。其他天然饮用水是指未受污染的水井、水库、湖泊，或高山冰川等且未经过公共供水系统处理净化过的水源所制成的产品。由于水源直接暴露于地表上，受环境影响较大，一般都必须更严格地控制周围的环境，以避免受到偶发性的污染。

2. 饮用纯净水的生产工艺

（1）要求尽可能地将水中的泥、沙、阴离子、阳离子和非离子状态的有机物、微粒、微生物、细菌等一切杂质全部去除，即生产一种纯净而又直接灌装饮用的水。目前饮用纯净水的生产工艺多采用二级反渗透系统（图5-9）。

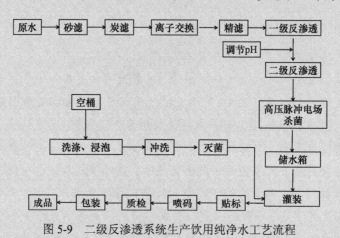

图 5-9　二级反渗透系统生产饮用纯净水工艺流程

（2）预处理：砂滤、炭滤、离子交换、精密过滤（5 μm）。首先通过石英砂过滤器，水中的部分悬浮物和胶体被截留在过滤器的孔隙或介质表面上；其次通过活性炭过滤器进行吸附、脱臭及除杂；最后通过精密过滤器，进一步除去水中的细小胶体及其他污染物，确保水质达到反渗透膜的进水标准。

（3）灭菌采用紫外线、臭氧杀菌消毒等方式。

3. 饮用天然矿泉水的生产工艺要点

以某矿泉水生产工艺为例（图5-10）。

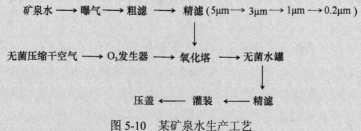

图 5-10　某矿泉水生产工艺

（1）引水：包括地下引水和地上引水。主要目的是在自然条件下，得到最大可能的流量，防止水与气体的任何损失，防止地表水和潜水的渗入和混入，完全排除有害物质污染和生物污染。

（2）曝气：是矿泉水原水与经过净化的空气充分接触，去除其中的二氧化碳、硫化氢等气体，加速氧化的过程，使铁、锰离子形成氢氧化物沉淀（过滤除去）。

（3）过滤：主要去除水中不溶性悬浮物和微生物，包括泥沙、细菌、霉菌及藻类等，防止矿泉水装瓶后在储藏过程中出现混浊和变质，过滤后矿泉水水质变得透明、清洁卫生。

（4）灭菌：臭氧或紫外线杀菌，瓶、盖采用过氧化氢、次氯酸钠、过氧乙酸、高锰酸钾等消毒。

（5）充气：向矿泉水中充入二氧化碳气体（可以是泉水中分离出来的，也可以是外界的），如气体不纯应净化处理，使用氧化、水洗、干燥、吸附的方法去除二氧化碳中所含的挥发性成分。

（6）灌装：灌装的方式取决于矿泉水产品的类型，不含气矿泉水的灌装采用负压灌装，含气的采用等压灌装。

第6章　城市污水处理概述

6.1　城市污水的组成与性质

城市污水是排入城市污水系统中的各类污水的总称。根据城市污水的来源主要可以分为三类：生活污水、工业废水和径流污水（表6-1）。城市污水因产生的过程不同，其所含的污染物质含量也相差较大。

表 6-1　城市污水的组成

分类		组成
城市污水	生活污水	生活污水（居民日常生活中洗涤、冲厕、洗澡及做饭等产生的污水） 公共建筑污水（办公楼、宾馆、餐厅、浴室、商业网点、学校等产生的污水） 主要污染物是有机物和氮、磷等营养物质
	工业废水	工业生产过程中排放的废水（工艺过程用水、冷却用水、烟气洗涤用水、设备和场地清洗水等） 常含有腐蚀性、有毒、有害、难以生物降解的污染物
	径流污水	降水产生的地表径流中携带大量污染物 这种污水往往具有季节性变化和成分复杂的特点

1. 主要污染物

生活污水的主要污染物是有机物和氮磷等营养物质，不同生活污水的水质指标及主要污染物相差不是很大[1]。而工业废水由于生产工艺差别较大，废水中主要污染物各不相同。

1）耗氧有机物

耗氧有机物是指在微生物的作用下可被降解为简单无机物和二氧化碳等物质的有机物。这些有机物在分解的过程中需要消耗氧气，所以被称为耗氧有机物。

2）难降解有机物

难降解有机物大多具有较强的毒性，且容易在生物体内富集，进入水体后在很长时间内难以被微生物降解。这些物质如果不加治理地向环境中排放，势必严重地污染环境和威胁人类的身体健康。因此难降解有机物的治理研究已引起国内外有关专家的高度重视，是目前水污染防治研究的热点与难点。

3）植物性营养物

植物性营养物能为水生植物和藻类提供生长和发育所需的氮和磷等养分。这类物质有硝酸盐、亚硝酸盐、氨氮、磷化合物等。当植物性营养物控制在很低的含量时，不会对水体产生污染，当水体中磷浓度在 0.003～0.05 mg/L 时，水体中浮游植物生长繁殖速率随着磷浓度的升高而直线上升。当水体中磷浓度达到 0.1 mg/L 时，蓝藻就会迁移到水体表层且不再向下迁移，此时极易暴发水华。

4）重金属

重金属主要指汞、镉、铅及铬等生物毒性显著的元素，也指具有一定毒性的一般重金属，如锌、钴、锡等。它们对水体中的微生物会产生极大的破坏作用，并能在生物链中富集，最终危害人体。

5）无机悬浮物

无机悬浮物在水体中常可以吸附有毒物质，形成危害更大的复合污染物，并对水体中的植物和鱼类等生物产生污染，影响水体观感等。无机悬浮物主要来自泥沙流动等。

6）放射性污染

放射性污染经水和食物进入人体后，通过一定部位的累积，会对人体产生危害，诱发疾病。这类物质很难通过物理、化学或生物方法降解。

7）酸碱度

天然水体的 pH 一般为 6～9。当 pH 较多地超出 6～9 的范围时，会破坏水体系统，影响渔业。同时，pH 超标的水会对周围土壤造成破坏。

8）病原体

病原体污染水体后会造成大面积的疾病传播。病原体在水体中的存活时间相对较长，主要来源于生活污水、医院污水及食品加工废水。

2. 主要水质指标

水质是指水和水中所含杂质共同表现出来的综合特性。水质指标是判断水质的具体指标。水质指标主要包括温度、色度、浊度、嗅和味、溶解性固体和悬浮性固体、生化需氧量、化学需氧量、总需氧量、氮和磷含量、有毒有害有机污染物、细菌总数、总大肠菌数等[2]。

1）温度

温度会对水体环境产生很大的影响，因此是重要的水质指标之一。随着温度的升高，氧在水中的溶解度将降低，水中的各种化学和生化反应将相应发生变化。

2）色度

城市污水由于主要污染物不同，会带有不同的颜色，有时会造成感官的不快。在污水处理中，对于色度超标的污水，要进行降色度处理后再排放。

3）浊度

浊度是指水中悬浮物对光线透过时所发生的阻碍程度。水中的悬浮物包括泥土、砂粒、微细有机物和无机物、浮游生物、微生物和胶体物质等。浊度不仅与水中悬浮物质的含量有关，而且与它们的大小、形状及折射系数等有关。

4）嗅和味

嗅和味的指标在饮用水处理时要求较严格，在城市污水处理中，也有相应的规定。一般来说，嗅和味是由污水中存在大量有机物造成的，通过对污水进行物理、化学和生物处理，嗅和味都可以得到减弱。

5）溶解性固体和悬浮性固体

溶解性固体和悬浮性固体的存在往往会对污水处理效果产生很大的影响，如会影响生物处理工艺的降解效果，因此，当污水中溶解性固体和悬浮性固体含量过高时，一般选用预处理技术，以保证后续处理技术的顺利进行。悬浮性固体和挥发性悬浮性固体浓度是污水处理设计中的重要参数之一。

6）生化需氧量

生化需氧量表示在有氧的情况下，水中有机物由于微生物的生化作用进行氧化分解所消耗的水中溶解氧量。生化需氧量值越大，说明水中有机物含量越高，污染越严重。在实际检测中，常以 5 日生化需氧量（BOD_5）来表示污水中的有机物浓度。

7）化学需氧量

COD 是指在强氧化剂，如重铬酸钾、高锰酸钾的作用下，氧化水中有机物所需的氧量。当以重铬酸钾作为氧化剂时，COD 表示为 COD_{Cr}。当以高锰酸钾作为氧化剂时，COD 表示为 COD_{Mn}。COD 测定方法比 BOD 测定方法准确、快速，因此，在水处理实践中应用较为广泛，实际工程案例中常以 BOD/COD 的比值来确定污水的可生化性能，与 BOD 一起作为重要水质指标成为水处理工程设计参数。

8）总需氧量

总需氧量可以反映水中所有还原性物质氧化所需的氧量，目前，在水处理技术研究中应用较多。

9）氮和磷含量

氮和磷含量表示水体中含氮化合物和含磷化合物在水中存在的形式和浓度。氮和磷含量是重要的水质指标之一，过量的氮、磷进入水体会导致水体富营养化，造成水质恶化。因此在污水处理的生物技术应用时，要加以考虑。

10）有毒有害有机污染物

有毒有害有机污染物是指除少部分物质外，大多是难以被生物降解的，并对人体可能有较大危害的有机化合物，如表面活性剂、抗生素、农药、染料、高分子聚合物等。

11）细菌总数

细菌总数是指 1mL 水样在营养琼脂培养基中，于 37℃经 24h 培养后，所生长的细菌菌落的总数。水中的细菌大致分为天然水中存在的细菌、土壤细菌、肠道细菌三类。其中，肠道细菌主要存在于粪便中。水中发现肠道细菌，可判定水体受到粪便的污染。

12）总大肠菌数

总大肠菌数是重要的水质指标之一，根据水中大肠菌群的总数来判断水体是否被粪便所污染，并间接推测水体受肠道病原菌污染的可能性。我国规定每升自来水中大肠菌群不得检出；若只经过加氯消毒即供作生活饮用水的水源水，大肠菌群数平均每升不得超过 1000 个；经过净化处理及加氯消毒后供作生活饮用水的水源水，其大肠菌群数平均每升不得超过 10000 个。

3. 水质标准

根据污水排放途径和排放要求的不同，可以确定城市污水经过处理后排放所执行的排放标准。经处理后出水排入地表，要达到《地表水环境质量标准》（GB 3838—2002）和《污水综合排放标准》（GB 8978—1996）；经处理后出水排入海洋，要达到《海水水质标准》（GB 3097—1997）；经处理后污水排入城市下水道必须达到《污水排入城镇下水道水质标准》（GB/T 31962—2015）；经处理后污水进行回用，要达到有关污水回用的标准。

《污水综合排放标准》（GB 8978—1996）将排放的污染物按其性质分为两类：第一类污染物能在环境或动植物体内蓄积，对人体健康产生长远的不良影响，含有此类有害污染物质的废水，不分行业、排放方式、受纳水体的功能类别，应一律在车间或车间处理设施排出口取样。第二类污染物的长远影响小于前者，应在排污单位排出口取样。此外，在该标准中还对各工业行业的最高允许排放定额和污染物最高允许排放浓度做了规定。

6.2 常规城市污水处理系统

6.2.1 污水预处理系统

污水预处理系统主要由格栅、沉砂、沉淀、气浮等组成[3]。

1. 格栅

城市污水常挟带大量体积较大的悬浮物和漂浮物（草木、纤维、毛发、木屑、果皮、菜叶、垃圾、塑料制品等），通过格栅可以拦截去除，同时保护后续处理设施，是保证出水效果达标的第一步，也是污水处理必不可少的组成部分。格栅由一组平行的金属栅条制成，栅条间形成缝隙，是一种最简单的过滤设备（图6-1）。污水通过格栅时粗大物质可以有效被截留下来，以防堵塞后续管阀、水泵等机械设备。根据缝隙的大小，可分为粗格栅（50~100mm）、中格栅（10~40mm）和细格栅（1.5~10mm）。

图 6-1　格栅

2. 沉砂

城市污水常挟带大量泥沙、砂粒、煤渣等密度较大的无机颗粒杂质，通过重力沉降可以从污水中去除。沉砂池一般设在泵站前，以保护泵等机械免受磨损，防止管道发生堵塞，延长设备使用寿命，并且能够提高后续工序产出的污泥中的有机组分含量，增加其流动性，以利于进一步对污泥加以利用。

3. 沉淀

沉淀也是利用重力沉淀作用将密度比水大的悬浮物从水中去除。城市污水处理系统中的沉淀池按工艺要求的不同分为初次沉淀池（初沉池）和二次沉淀池（二沉池）。初沉池一般位于格栅、沉砂池之后，主要去除的是以有机物为主体的密度较大的固体悬浮物；二沉池设在生物处理构筑物之后，主要去除的是以微生物为主体的、密度较小的、容易上浮的悬浮物。根据池内水流方向的不同，沉淀池可分为平流式、竖流式、辐流式沉淀池。

1）平流式沉淀池

平流式沉淀池（图 6-2）在较大水量的污水处理厂中应用较多。水通过进水槽流入池内，经进水挡板消能稳流后均匀地分布在池子的整个宽度上。水在池内缓慢流动，水中悬浮物逐渐沉向池底，沉淀后的清水溢过沉淀池末端的溢流堰，经出水槽排出池外。

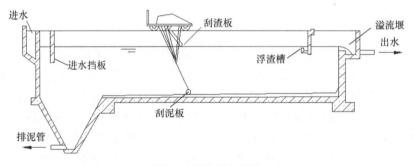

图 6-2　平流式沉淀池

2）竖流式沉淀池

竖流式沉淀池（图 6-3）的平面形状一般为圆形或正方形，水从中心管自上而下进入池中，通过反射板的拦阻向四周分布于整个水平断面上，缓慢向上方流动。水中的悬浮颗粒也随之上升，其中重力下沉速度超过上升流速的颗粒就沉淀到污泥斗中成为污泥，利用静水压力排泥方式排出，出水则由池子上部的集水槽收集。

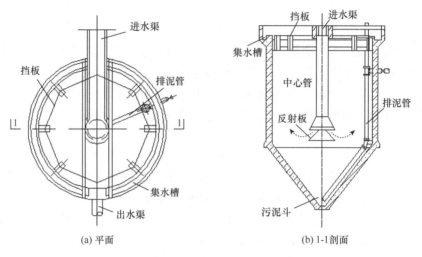

(a) 平面   (b) 1-1 剖面

图 6-3 竖流式沉淀池

3）辐流式沉淀池

辐流式沉淀池可为方形或圆形。污水由进水管进入池中心管内，从下向上流动，在中心管上端出水，经中心管周围的穿孔挡板均匀分布进入池内。然后沿水平方向流向池周，由于是辐射状向四周流动，过水断面逐渐增大，水流速度逐步减小，悬浮物得以更好地沉淀，沉淀后的水经出水堰流出，而沉淀下来的悬浮物则为污泥。辐流式沉淀池的下部为污泥斗，沉淀的污泥排出池外。

4. 气浮

气浮是利用高度分散的微小气泡作为载体去黏附水中的悬浮颗粒，使其随气泡浮升到水面而加以分离去除的一种水处理方法。气浮分离的对象是疏水性细微固体或液体悬浮物质，如细沙、纤维、藻类及乳化油滴等。浮选是在废水中投加浮选剂，选择性地将亲水性的污染物变为疏水性物质，从而附着在气泡上与其一起浮升到水面而加以去除。浮选分离的对象是亲水性固体悬浮物及重金属离子等。气浮和浮选的理论基础是相同的，有时统称为气浮法。

实现气浮分离的主要装置是气浮池，气浮池的作用是：从反应室进入的待处理水与溶气水接触后，溶气水释出的微气泡黏附在水中的污染物絮粒上，上升到气浮池表面，絮粒与水进行分离。

6.2.2 污水生物处理系统

污水的生物处理就是利用微生物自身新陈代谢的生理功能，采取一定的人工措施，创造有利于微生物生长繁殖的良好环境，加速微生物的增殖及其新陈代谢生理功能，从而使污染物得到降解和去除的一种污水处理方法。污水的生物处理主要是去除污水中的溶解和胶体状态的有机污染物，可分为好氧生物处理和厌氧生物处理两大类[4]。

1. 好氧生物处理法

好氧生物处理法就是在有氧的条件下，利用好氧微生物的生命活动来氧化分解废水中的有机物的污水处理法。污水中溶解性的有机物通过菌体的细胞壁被细菌所吸收，固体及胶体的有机物附在菌体表面，由细菌分泌的胞外酶分解为溶解性的物质再渗入细菌细胞。细菌通过自身的生命活动，把一部分有机物氧化为简单的无机物并获得其生长活动所需的能量。细菌还把另一部分有机物转化为菌体的营养物，组成新的细胞，于是细菌逐渐增长并分裂产生更多的细菌。污水中的有机物主要由碳、氢、氧、氮、硫、磷等元素构成，它们好氧分解代谢的最终产物主要是二氧化碳、水、硝酸盐、磷酸盐等。下面主要介绍好氧生物处理法中的活性污泥法和生物膜法。

1）活性污泥法

活性污泥法是城市污水处理厂采用的最普遍、有效的生物处理法。活性污泥法是使微生物群体（即活性污泥）在曝气池内呈悬浮状态，并与污水充分接触而使污水得到净化的方法。所谓活性污泥即向污水中通入空气，经过一段时间后，污水中就会产生一种絮凝体，这些絮凝体由大量繁殖的微生物组成，它易于沉淀和与水分离，并使污水得到澄清。活性污泥法的基本流程如图 6-4 所示。

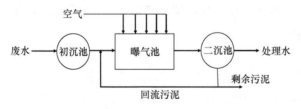

图 6-4　活性污泥法基本流程

活性污泥系统的主要构筑物为曝气池和二沉池。经初沉池等预处理后的污水与回流污泥同步进入曝气池，向曝气池通入空气，并在保持足够溶解氧的情况下，污水中的有机物被活性污泥中的微生物群体分解而得到去除。经过活性污泥净化的混合液进入二沉池，完成泥水分离，澄清后的污水排出二沉池，活性污泥沉淀浓缩后从二沉池底部排出。为了保持曝气池内的微生物数量，一部分活性污泥作为接种污泥回流到曝气池，另一部分活性污泥作为剩余污泥，送到污泥处理系统进行处理。

（1）生物吸附法

生物吸附法将活性污泥对有机物的吸附和氧化两个过程分别在两座池内进行，也可在同一池内分两格进行。图 6-5 为生物吸附法工艺流程图。污水和活性污泥在吸附池内混合接触 0.5～1.0h，使污泥吸附大部分悬浮物、胶体状物质及部分溶解有机物后，在二沉池中进行分离，分离出的回流污泥先在再生池内进行 2～3h 的曝气，进行生物代谢，充分恢复活性后再回到吸附池。

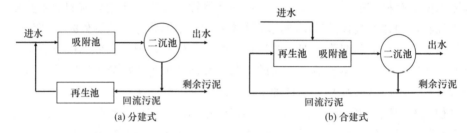

图 6-5　生物吸附法工艺流程

由于吸附时间短，在污泥负荷率相同时，生物吸附法两池总容积比普通法要小得多，而空气量并不增加，因而可大大降低建筑费用。其缺点是处理效果稍差，不适用于含溶解性有机物多的废水。

（2）序批式活性污泥法

序批式活性污泥法（sequencing batch reactor，SBR）是一种间歇运行的活性污泥法。该工艺可省去二沉池及调节池，曝气池容积也小于连续式，无需污泥回流，同时还可实现脱氮除磷。SBR 工艺主要由进水、曝气反应、沉淀、出水、闲置五个阶段组成，称为一个运行周期，其运行程序如图 6-6 所示。

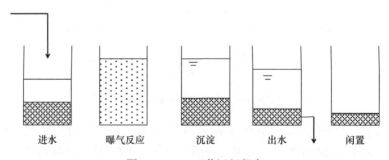

图 6-6　SBR 工艺运行程序

所有阶段都在一个 SBR 反应器中运行，通过时间控制使 SBR 反应器实现各阶段的操作。SBR 工艺是在完全静止状态下进行沉淀的，所以沉淀效果好，泥水分离彻底。控制曝气或搅拌器强度，可以使反应器内维持厌氧或缺氧状态，实现硝化、反硝化过程。通过自动控制系统来控制步骤，操作灵活。

2）生物膜法

微生物附着在特定的载体表面上形成独特的微生物群体结构并以固着方式生长时形成生物膜。当污水与生物膜表面接触时，污水中的有机污染物被微生物所吸附、吸收和降解。利用生物膜处理污水的方法称为生物膜法。用生物膜法处理污水的构筑物有生物滤池、生物转盘（rotating biological contactor，RBC）、生物接触氧化池及生物流化床等[5]。

（1）生物滤池

通过布水装置被均匀地喷洒在滤池表面的污水滴流下落，一部分被吸附在滤料表面，成为薄膜状的附着水层；另一部分则流过滤料，成为流动水层，并从上层流向下层，经处理后排出池外。空气中的氧溶解于流动水层中，通过附着水层传递给生物膜，供微生物呼吸，污水中的有机物通过流动水层也传递给生物膜，随着污水连续滴流，滤池表面上的生物膜不断形成和成熟，有机物的降解就是在生物膜表层的好氧生物膜内进行的，通过细菌的代谢活动，有机物被降解，好氧微生物代谢产物 H_2O 及 CO_2 通过附着水层传给流动水层逸出。

生物膜成熟后微生物仍不断繁殖，生物膜厚度不断增加，其深部转变为厌氧膜。厌氧代谢产物 H_2S、NH_3 通过好氧膜排出膜外，使好氧膜遭到破坏，这时生物膜处于老化状态而脱落。同时，又开始增长新的生物膜，生物膜就这样不断循环，从而保持生物膜的活性。

（2）生物转盘

生物转盘又称旋转生物接触器或转盘式生物滤池，由一系列平行的转盘（盘片）、转轴、氧化槽或接触反应槽、驱动装置等部分组成（图6-7）。生物转盘与生物滤池的主要区别在于它是以一列的盘片代替固定的滤料，生物膜在盘片上形成、生长并降解污染物。氧化槽内装有污水，约一半转盘面积浸没在槽内的污水中，转盘在转轴带动下缓慢转动，交替地和空气与污水接触。

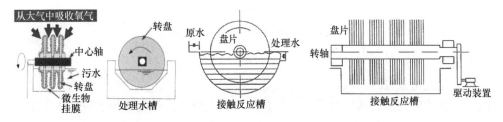

图 6-7　生物转盘示意图

当旋转的转盘浸没在污水中时，污水中的有机物被盘片上的生物膜吸附和吸收，当旋转的转盘处于水面以上时，与空气接触，生物膜得到充氧，微生物在有氧的情况下，由于生物酶的催化作用，对有机物进行氧化分解，同时，微生物还以有机物为养料进行自身繁殖。转盘在旋转过程中，盘片上的生物膜不断交替地和污水、空气接触，连续不断地完成吸附、吸收、吸氧、氧化分解过程，使污水中的有机物不断分解，从而达到污水处理的目的。由于微生物的自身繁殖，生物膜逐渐增厚，当增厚到一定程度时，衰老的生物膜在转盘转动时形成的剪切力作用下，从盘面上剥落下来，并随污水流入二沉池进行沉淀分离。

（3）生物接触氧化池

生物接触氧化法的处理构筑物是生物接触氧化池，又称浸没式生物滤池，就是将填料浸没在曝气池中，经曝气的污水流经填料层，使填料表面长满生物膜，污水和生物膜相接触，在生物膜中的微生物作用下，污水得到净化。它是一种兼有活性污泥和生物膜法特点的污水处理构筑物。生物接触氧化池由池体、填料、进出水装置和曝气系统等几部分组成（图6-8）。生物接触氧化池运行时，污水在填料中流动，水力条件良好，通过曝气使水中溶解氧充足，适于微生物生长繁殖，故生物膜上生物相对丰富，除细菌（包括球衣细菌等丝状菌）外，还有多种原生动物和后生动物，保持着较高的生物量。且生物接触氧化法不需污泥回流，也不存在污泥膨胀问题，管理方便。

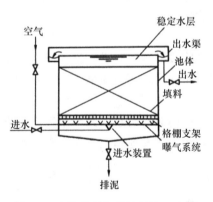

图6-8　生物接触氧化池结构示意图

（4）生物流化床

生物流化床以砂、活性炭、焦炭等较小颗粒为载体填充在流化床内，载体表面被覆盖着生物膜。污水以一定的流速从下向上流动，使载体处于流态化状态，故称其为流化床。载体颗粒小，比表面积大，其生物量高于其他生物膜法。同时，载体处于流态化状态，污水广泛而频繁地与生物膜接触，强化了传质过程。因此，生物流化床具有处理效率高，占地面积小和投资少等优点。

2. 厌氧生物处理法

厌氧生物处理法是在缺氧或无氧的环境中，利用厌氧微生物生命活动来分解废水中有机物的方法。与好氧过程的根本区别在于不以分子态氧作为受氢体，而以化合态氧、碳、硫、氮等为受氢体。有机物进行厌氧分解时，通常认为需要经历以下三个阶段[1]。

第一阶段是水解发酵阶段。在这一阶段，复杂的有机物在厌氧菌胞外酶的作用下，首先被分解成简单的有机物，例如，纤维素经水解，转化成较简单的糖类；蛋白质转化成较简单的氨基酸；脂类转化成脂肪酸和甘油等。继而这些简单的有机物在产酸菌的作用下，经过厌氧发酵和氧化，转化成乙酸、丙酸、丁酸等脂肪酸和醇类等。

第二阶段为产氢产乙酸阶段。在该阶段，产氢产乙酸菌把除乙酸、甲酸、甲醇以外的第一阶段产生的中间产物，如丙酸、丁酸等脂肪酸和醇类转化成乙酸、氢、CO_2。

第三阶段为产甲烷阶段。在该阶段，产甲烷菌把第一阶段和第二阶段产生的乙酸、H_2 和 CO_2 等转化为甲烷。

虽然可以把厌氧生物处理分为以上三个阶段，但在厌氧反应器中，三个阶段是同时进行的，产酸菌和产甲烷菌相互依存、相互制约，保持着某种程度的动态平衡。

与好氧生物处理相比，厌氧生物处理工艺主要具有以下优点：①能耗大大降低，而且还可以回收生物能（沼气）；②污泥产量很低，且浓缩、脱水性能良好；③处理负荷高、占地少，反应器体积小；④可处理高浓度、难降解的有机废水。但它也存在以下缺点：①出水水质较差，需要进一步处理才能达标排放；②反应速率较慢，反应器启动周期长；③易受温度、pH 等环境因素变化的影响，运行稳定性相对较差；④处理过程的气味较大。

厌氧生物处理技术经过 100 多年的发展，经历了第 1 代、第 2 代和第 3 代厌氧反应工艺的发展，出现了许多种类的厌氧反应装置，如普通厌氧消化池、厌氧接触法、上流式厌氧污泥床（UASB）、厌氧生物滤池、厌氧生物转盘、厌氧膨胀床和流化床及厌氧折流板反应器（ABR）等。

1）厌氧接触法

厌氧接触法又称厌氧活性污泥法，其工艺流程如图 6-9 所示。污水进入厌氧消化池，在搅拌作用下与厌氧污泥充分混合并进行反应，微生物吸附分解污水中的有机物，分解过程产生的气体经气水分离后进入储气罐。处理后的污水和污泥进入沉淀池进行固液分离，污水由上部排出，沉淀污泥部分回流至消化池，使消化池内保持较高的污泥浓度，从而使系统运行稳定。从消化池排出的混合液中含有许多微小气泡，会影响污泥在沉淀池中的沉降，因此应在污水和污泥进入沉淀池前设脱气器进行脱气处理。

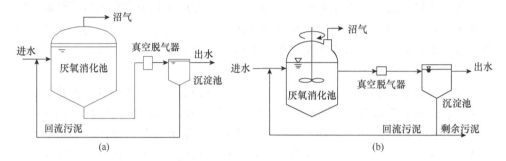

图 6-9　厌氧接触法工艺流程

2）上流式厌氧污泥床

上流式厌氧污泥床（UASB）工艺原理如图 6-10 所示，UASB 上部设有气、固、液三相分离器，下部为悬浮污泥区和污泥床。污水由底部流入，通过一个高浓度的污泥床（反应区），有机物在此进行厌氧分解，反应后的污水经三相分离器后进入沉淀区。气、固、液分离后，沼气由集气室收集，再由沼气管流向沼气柜。沉降下来的污泥由沉淀区返回反应区，沉淀后的污水从出水槽排出。

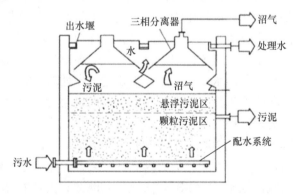

图 6-10　上流式厌氧污泥床工艺原理

3）厌氧生物滤池

厌氧生物滤池如图 6-11 和图 6-12 所示。池内装填填料，厌氧菌附着于填料的表面生长。当污水通过填料层时，污水中的有机物被降解，并产生沼气从池顶部排出。滤池中的生物膜不断进行新陈代谢，脱落的生物膜随出水流出池外。污水从池底进入，向上流动，从池上部排出，称为升流式厌氧滤池；污水从池上部进入向下流动，从底部排出，称为降流式厌氧滤池。

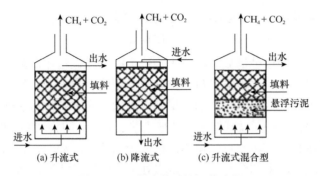

图 6-11　厌氧生物滤池工艺流程

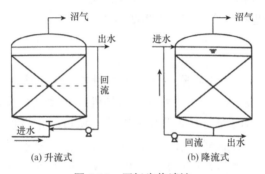

图 6-12　厌氧生物滤池

6.3　污水深度处理系统

污水的深度处理是进一步去除污水常规处理所不能完全去除的杂质的净化过程，其目的是实现污水资源的再生利用。

深度处理通常由给水处理的单元技术优化组合而成，主要包括混凝沉淀、过滤、活性炭吸附、膜处理、离子交换、臭氧氧化、消毒等。

1. 混凝沉淀

城市污水二级处理出水中残留的悬浮物大部分是有机胶体和生物絮凝体，其混凝过程的原理、工艺和设备与给水处理基本相同，但城市污水二级处理出水的水质特点与给水处理的原水水质有较大的差异，因此，实际的混凝条件和设计参数会有所不同，对于污水二级处理出水宜根据混凝试验或实际运行经验来确定混凝条件和设计参数。污水深度处理所用的混凝剂和助凝剂与给水处理相同，混凝剂的选择和混凝条件需通过烧杯试验加以确定。污水深度处理常用的混凝剂和助凝剂有硫酸铝 $[Al_2(SO_4)_3]$、聚合氯化铝（PAC）、三氯化铁、聚合硫酸铁、聚丙烯酰胺（PAM）等。

2. 过滤

过滤是污水深度处理工艺中使用较多的一种单元技术,有效的过滤技术可进一步去除剩余的悬浮物,并使出水水质保持稳定。城市污水二级处理出水经过混凝沉淀处理后,再经过砂滤处理,能去除残余的悬浮颗粒和微絮凝体,可增加悬浮固体、生化需氧量、化学需氧量、重金属和细菌等物质的去除率,并可提高后续消毒工艺的效率,降低消毒剂的使用量。过滤单元还可作为活性炭吸附滤池、膜过滤等工艺的预处理,以减轻后续处理工艺的负荷,防止堵塞,提高处理效率。

与给水过滤相比,污水过滤可不加药或少加药,反冲洗较为困难,过滤周期缩短,宜采用较粗滤料和较高滤速。给水处理中常用的滤池,如普通快滤池、虹吸滤池和无阀滤池等都可以在污水深度处理中使用,此外,上向流滤池、连续流滤池、纤维滤池等也被用于污水的深度处理[6]。

3. 活性炭吸附

在污水处理中,活性炭吸附主要处理的对象是污水中用生物处理法难以去除的有机物或用一般氧化法难以处理的溶解性有机物及色度、臭味等,使污水处理达到可重复利用的程度。活性炭吸附法是城市污水深度处理中最常用、有效的处理技术。它不仅能有效吸附氯代烃、有机磷和氨基甲酸酯类杀虫剂,还能吸附苯醚及许多脂类和芳烃化合物。但二级出水中也含有不被活性炭吸附的有机物,如蛋白质的中间降解物质,比原有的有机物更难被活性炭吸附,活性炭对三卤甲烷(THMS)的去除能力较低,仅达到 23%~60%。活性炭吸附法可与其他处理方法联用,如臭氧-活性炭法、混凝-活性炭吸附法、Habberer 工艺、活性炭-硅藻土法等,使活性炭的吸附周期明显延长,用量减少,处理效果大幅度提高,范围大幅度扩大。

4. 膜处理

利用膜将水中的物质(微粒、分子或离子)分离出去的方法称为水的膜处理法。在膜处理中,渗析是以水中的物质透过膜来达到处理目的,渗透是以水透过膜来达到处理目的。膜处理法在水处理中已被广泛应用,常用的膜分离法有电渗析、反渗透、纳滤、超滤和微滤。

1)电渗析

电渗析是在直流电的作用下,利用阴、阳离子交换膜(分别只允许阴、阳离子通过)对溶液中阴、阳离子的选择透过性,而使溶液中的溶质与水分离的一种物理化学过程。电渗析分离原理如图 6-13 所示。电渗析系统是由一系列阴、阳离子交换膜交替排列于两电极之间，组成许多由膜隔开的小水室。当原水进入这些水室时，在直流电场的作用下，溶液中的离子做定向迁移。由于离子交换膜的选择通过性，一些水室的离子浓度降低而成为淡水室；与淡水相邻的水室则因富集大量离子而成为浓水室，从浓水室和淡水室分别得到浓水和淡水。电渗析主要应用于海水浓缩制盐、电解食盐制取烧碱和食品及医药的提纯和纯水制取等。在污水处理上常用于电镀、重金属废水处理回用及造纸污水处理等。

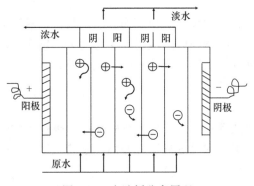

图 6-13　电渗析分离原理

2）反渗透和纳滤

反渗透是施加压力将溶液中的水通过反渗透膜分离出去，而浓缩溶液回收溶质的方法。因为它与自然渗透方向相反，所以称其为反渗透。反渗透主要用于海水和苦咸水淡化，在工业废水处理中也可用于有用物质的浓缩回收。反渗透膜的孔径极小，只允许水分子通过，而比水分子尺寸大的离子则无法通过，从而能将水中99%以上的无机物及几乎全部有机物截留除去。孔径尺寸比反渗透稍大，即孔径为纳米级（nm）膜，称为纳米膜。纳米膜能比较有效地去除水中的有机物，因为有机物的分子量及尺寸远比无机离子大，能被纳米膜有效地截留除去，所以纳米膜可用于饮用水去除有机污染物的处理工艺中。纳米膜在其他水处理领域中的应用越来越广泛。

3）超滤和微滤

超滤是在压力的作用下，溶液以一定的流速沿着超滤膜表面流动，溶液中的溶剂及低相对分子质量的物质从高压侧透过超滤膜进入低压侧，并作为滤液排出；而溶液中的高分子物质、胶体物质及微生物等被超滤膜截留，达到浓缩分离的目的。它的分离机理主要是机械筛分作用，膜的化学性质对膜的分离效果影响不大。超滤的孔隙尺寸为10～200nm，通常只能截留水中的大分子有机物、胶体颗粒，以及病毒、细菌等。为使超滤具有较高的产水量，也需对过滤的水施加一定的压力，一般为 0.1～0.7MPa。

当膜的孔径大于 200nm 时，称为微滤膜。水经微滤膜过滤时，微滤膜通过筛滤作用，可去除尺寸大于膜孔的颗粒物，所以尺寸小于膜孔的无机盐和有机物都难以被截留，细菌也只能被部分地截留，所以微滤膜主要去除颗粒尺寸比膜孔更大的黏土、悬浮物、藻类、原水生物等。

5. 离子交换

离子交换法是以合成的离子交换剂作为吸附剂，以吸附需要从水中分离的离子。离子交换法在废水处理中广泛应用，主要用于含铬废水、含锌废水、电镀含氰废水、有机废水处理，也用于水的软化、除盐处理。

6. 臭氧氧化

臭氧是一种广谱速效杀菌剂，对各种致病菌及抵抗力较强的芽孢、病毒等都有比氯更好的杀灭效果。水经过臭氧消毒后，水的浊度、色度等物理、化学性状都有明显改善。

臭氧氧化法处理废水使用的是含低浓度臭氧的空气或氧气。臭氧是一种不稳定、易分解的强氧化剂，因此要现场制造。臭氧氧化法水处理的工艺设施主要由臭氧发生器和气水接触设备组成。臭氧发生器所产生的臭氧，通过气水接触设备扩散于待处理水中。臭氧的利用率要力求达到 90%以上，剩余臭氧随尾气外排，为避免污染空气，尾气可用活性炭或霍加拉特剂催化分解，也可用催化燃烧法使臭氧分解。

7. 消毒

城市污水经过二级处理后，通常还会含有数量较大的细菌，并有可能存在致病菌，因此，在将处理水排放到水体前或在农田灌溉前，应进行消毒处理。用于水处理的氯消毒、臭氧消毒和二氧化氯消毒也常用于污水消毒，其消毒原理、特性和消毒设施与给水处理相同。而紫外线消毒在城市污水处理中也得到了大量的应用。

紫外线是一种波长为 136～390nm 的不可见光线，在波长为 240～280nm 时具有杀菌作用，尤以波长 253.7nm 处杀菌能力最强。由于紫外线消毒技术具有消毒速度快、效率高、设备操作简单、无有毒有害副产物、便于运行管理和实现自动化等优点，目前已在城市污水消毒处理中得到大量的应用。利用紫外线消毒的水的色度要低，悬浮物杂质和胶体物含量少，且水不可过深（宜小于 12 cm），否则光线的透过力与消毒效果将受影响。另外，紫外线消毒属于物理瞬间消毒技术，不向水中添加任何化学药剂，可以一直保持无菌状态，但实际上消毒后的水会再次受到污染，因此经紫外线消毒后的水应尽快排放到受纳水体中。

参 考 文 献

[1]　张自杰. 排水工程(下册). 北京: 中国建筑工业出版社, 2000.

[2]　孙犁, 王新文. 排水工程. 武汉: 武汉理工大学出版社, 2006.

[3]　李圭白, 蒋展鹏, 范瑾初. 给水排水科学与工程概论. 北京: 中国建筑工业出版社, 2009.

[4]　邹金龙, 代莹. 室外给排水工程概论. 哈尔滨: 黑龙江大学出版社, 2014.

[5]　李亚峰, 杨辉, 蒋白懿. 给排水科学与工程概论. 北京: 机械工业出版社, 2015.

[6]　黄敬文. 城市给排水工程. 郑州: 黄河水利出版社, 2008.

阅读材料

材料1　城市污水处理工艺发展简史

人类防治水污染的历史主要是伴随着工业化革命和城市化的急剧发展而发展的，从城镇污水处理开始，污水处理的理论和技术大致经历了近百年的历史。

城市污水处理历史可追溯到古罗马时期，那时期环境容量大，水体的自净能力也能够满足人类的用水需求，因此仅需考虑排水问题即可。然而随着城市化进程加快，生活污水通过细菌的传播引发了传染病的蔓延。一些发达的资本主义国家由于污水的污染，人民身体健康受到严重的威胁，如日本骨痛病、水俣病的出现。出于健康的考虑，人类开始对排放的生活污水进行处理。早期的处理方式采用石灰、明矾等进行沉淀或用漂白粉进行消毒。明代晚期，我国已经有污水净化装置。但由于当时需求性不强，我国生活污水仍以农业灌溉为主。

18世纪中叶，欧洲工业革命开始迅速发展，城市污水中的有机物成为主要去除对象。1850~1890年，为治理泰晤士河的污染，英国政府改造了沿河城市的排水系统。1889~1891年分别在Beckon和Crossness建立了沉淀污水处理厂，并建设了污水截流管道，实行雨污分流。1881年，第一座厌氧生物处理池——moris诞生，它是由法国科学家发明的第一座生物反应器。1892~1905年，英国开展了生物法处理污水方面的研究并进行相关实验。例如，采用焦炭作为滤床填料进行废水的处理。其中，1893年，第一座生物滤池在英国Wales投入使用并迅速在欧洲、北美等地区得到推广。1897年，英国建成了世界上第一座采取生物净化法处理城市生活污水的处理厂。技术的发展推动了标准的产生。1912年，英国皇家污水处理委员会提出了以BOD_5来评价水质污染程度的标准。1914年，Arden和Lokett曾发表了关于活性污泥法的论文，并于同年在英国曼彻斯特市开创了世界上第一座活性污泥法污水处理厂，奠定了未来100年城市污水处理技术的基础。活性污泥法发展初期，其工艺采用的是充-排式，但当时设备条件和自动控制技术相对落后，导致其操作困难，易于堵塞，很快就被连续进水的推流式活性污泥法（CAS法）取而代之，但推流式活性污泥法中污泥耗氧速度随池长而变化，从而导致局部供氧不足的状态。因此，在1936年和1942年分别提出了渐减曝气活性污泥法和阶段曝气活性污泥法。从曝气方式和进水方式两方面解决了局部供氧不足的问题。1950~1965年，英国建造了采用活性污泥法，规模分别为 48 万 t/d、10 万 t/d 的污水处理厂。美国的麦金尼提出了完全混合式活性污泥法，有效地解决了污泥膨胀的问题。

随着技术的不断革新改进，20 世纪 40～60 年代，活性污泥法逐渐取代了生物膜法，成为污水处理技术中的主要工艺。为了使曝气更充分，1965～1969 年，英国还采用了一种大型的充气设备，使河水通过喷嘴喷射，从而提高溶解氧的浓度，有效地提高了污水处理厂排出水中 COD 的去除率。

我国是世界上较早关注研究开发和采用污水处理技术的国家之一。1921 年，活性污泥法传播到中国，中国建设了第一座污水处理厂——上海北区污水处理厂，随后在 1926 年和 1927 年建设了上海东区及西区两座污水处理厂，三座污水处理厂总规模为 3.55 万 t/d。但我国污水处理技术在总体上发展较为缓慢，20 世纪 80 年代后才取得了一定程度的发展。

1. 氧化沟处理工艺

随着工业化革命和城市化的急剧发展，城市对污水处理厂的排放标准也不断升高。20 世纪 60～70 年代，随着常规二级生物处理技术在工业化国家的普及，水中氨氮的存在会导致水体的恶臭和溶解氧的降低。其中，70 年代以前，对污水的治理主要是去除水中的悬浮物、降低色度，因而主要采用传统的活性污泥法和生物膜法。早在 1953 年，荷兰公共卫生工程研究协会的 Pasveer 研究所就提出了氧化沟工艺，也被称为"帕斯维尔沟"。1954 年，在荷兰，伏肖汀建造了服务人口仅为 360 人的第一座氧化沟污水处理厂。60 年代，这项技术在欧洲、北美和南非等地也得到了迅速推广和应用。1967 年，荷兰 DHV 开发了卡鲁塞尔氧化沟，这种氧化沟在处理城市污水时具有不需要预沉池，所产污泥稳定，无需消化池就可直接干化，工艺控制极其简单等优点。卡鲁塞尔氧化沟的发展经历了普通卡鲁塞尔氧化沟、卡鲁塞尔 2000 氧化沟和卡鲁塞尔 3000 氧化沟几个阶段。1970 年，美国 Envirex 公司投放生产了奥贝尔氧化沟，又称同心圆型氧化沟。奥贝尔氧化沟一般由 3 条同心圆形或椭圆形渠道组成，各渠道之间相通，污水由外渠道进入，与回流污泥混合后，由外渠道进入中间沟道再进入内渠道，即在其中不断循环的同时，依次进入下一个渠道，相当于一系列完全混合池串联在一起，最后从中心的渠道排出。之后，丹麦 Kruger 公司创建了交替式氧化沟，包括二池交替（D 型）和三池交替（T 型）的氧化沟。这种氧化沟可以在不设二沉池的条件下连续运行，所产污泥稳定，出水优良且无须设置污泥回流装置。但对曝气转刷的利用率较低，仅为 37.5%。因此该公司又开发了 T型氧化沟，将设备利用率提高到 58%，而后甚至达到 70%。

2. 脱氮除磷技术

20 世纪 70~80 年代，水体富营养化问题凸显，氮和磷成为污水处理对象。污水氮磷去除的实际需要使二级生物处理技术进入了具有除磷脱氮功能的二级生物处理阶段。于是，在活性污泥法的基础上衍生出了一系列脱氮除磷工艺。现在的城市污水处理厂的处理对象，包括 COD、BOD、SS 和氮、磷等营养物质。这就要求在同一污水处理系统中同时具备多种功能，从而推动了水污染治理技术的进一步发展。在传统的活性污泥法和生物膜法等污水处理技术的基础上，发展了以 A/O、A^2/O、A-A-A/O 等为代表的除磷脱氮工艺，从而满足了对氮、磷指标的控制要求。

然而近几十年来，社会经济发展迅速，能源、资源的短缺已经引起了广泛的关注，污水处理工艺发展的主流方向转向对能源的节约、资源的回收及进一步脱氮除磷。因此，一批新兴脱氮除磷技术得以应用。

1994 年，荷兰代尔夫特理工大学开发了厌氧氨氧化技术（ANAMMOX），该技术是在厌氧条件下，厌氧氨氧化细菌以亚硝酸盐作为电子受体将氨氮氧化为氮气的生化反应。该工艺与传统硝化反硝化工艺相比不需要任何有机碳源，完全自养。1998 年，荷兰代尔夫特理工大学基于短程硝化反硝化原理开发了SHARON 工艺，这是一种用来处理高浓度、低碳氮比含氨废水的新型脱氮工艺。该工艺是在同一反应器内，在有氧条件下利用亚硝化细菌将氨氮氧化成亚硝酸盐，然后在缺氧条件下，以有机物为电子供体将亚硝酸盐反硝化，形成氮气。SHARON 工艺具有流程简单、脱氮速率快、投资和运行费用低等优点。与传统活性污泥法相比可减少 25%的供氧量及 40%的反硝化碳源。目前，将ANAMMOX 和 SHARON 工艺相结合，前者作为硝化反应器，后者作为反硝化反应器则能够节省 60%的供氧和 100%的碳源。

3. AB 法

20 世纪 70 年代中期，德国的 BothoBohnke 教授开发了 AB 工艺。该工艺分为 A、B 两段，并且在传统两段法的基础上进一步提高了 A 段的污泥负荷，以高负荷、短泥龄的方式运行，而 B 段负荷低、泥龄较长，与常规活性污泥法比较相似。A 段由于泥龄短、泥量大，因此对磷的去除效果很好。经过 A 段去除了大量的有机物以后，B 段的体积可大大减小，其低负荷的运行方式可以提高出水水质。但是 A 段去除了大量的有机物导致 B 段碳源缺失，所以在处理低浓度的城市污水时该工艺的优势并不明显。为了解决除磷时微生物需要短泥龄和脱氮时硝化菌需要长泥龄的矛盾，便开发了 A/O-A^2/O 工艺。该工艺由两段独立的脱氮和除磷工艺组成。其中，第一段泥龄短，主要用于除磷，第二段泥龄长、负荷低，主要用于脱氮，从而有效地解决了两者矛盾的问题。随着工艺的不断发展，之后在 A/O-A^2/O 的基础上，奥地利研发出了 Hybrid 工艺，该工艺在两段之间增加了三个内回流装置，可以分别为第一段和第二段曝气池提供硝态氮、硝化菌和碳源。其中，第一段主要用于去除磷和有机物，第二段利用第一段曝气池回流混合液进行反硝化脱氮。

AB 法在城市污水处理中起到了不错的效果，在我国的环境保护、节省经济成本方面发挥了重要的作用。

4. SBR 法

20 世纪 70 年代初，美国 Irvine 公司开发了序列间歇式活性污泥法（sequencing batch reactor activated sludge process，SBR 法），该工艺在时间上将厌氧段和好氧段分开。整个流程都在一个基本单元进行，该工艺集调节池、曝气池和二沉池于一池，进行水质水量调节、微生物降解有机物及固液分离等。该工艺运行周期由充水时间、沉淀时间、排水排泥时间和闲置时间进行确定。其中，充水时间就根据具体的水质及运行过程中所采用的曝气方式来确定。当进水污染物浓度较高且采用限量曝气方式时，充水时间则应适当延长。当进水污染物浓度较低并采用非限量曝气方式时，充水时间则应适当缩短。经典 SBR 法反应器的运行过程为进水→曝气→沉淀→滗水→待机。

近年来，SBR 水处理技术发展迅速，产生了许多改进型技术，包括间歇式循环延时曝气活性污泥法（intermittent cycle extended aeration system，ICEAS）、连续进水周期循环曝气活性污泥系统（cyclic activated sludge system，CASS）、间歇进水周期循环式活性污泥技术（cyclic activated system technology，CAST）、一体化活性污泥法（UNITANK）、改良型 SBR（MSBR）等。

20 世纪 80 年代初，在 SBR 的基础上产生连续进水的 ICEAS 工艺。该工艺与 SBR 唯一的不同就是在反应池中增加了一道隔墙。这道隔墙将反应池分隔为了小体积的预反应区和大体积的主反应区。其中，预反应区一般都处于缺氧状态，主反应区则是曝气反应的主体。该反应器采用连续进水系统，减少了运行操作的复杂性，故比较适用于较大规模的污水处理。之后，Goranzy 教授在 ICEAS 的基础之上开发了 CASS/CAST 工艺。该工艺仅仅是在 ICEAS 工艺反应池前端增加了选择段，而污水则与来自主反应区的回流混合液在选择段进行混合。在厌氧条件下，选择段就相当于前置厌氧池，有效地提高了磷的去除率。

20 世纪 90 年代，比利时 SEGHERS 公司开发了 UNITANK 系统，该系统是在三沟式氧化沟的基础上发展起来的。将传统的 SBR 在时间上的推流与连续系统在空间上的推流有效结合起来。它由三个矩形池组成。其中，在外边两侧的矩形池可兼作曝气池和沉淀池，而中间的一个矩形池只可以作曝气池。该系统集中了传统活性污泥法和 SBR 的优点，处理单元一体化、经济、运转灵活。MSBR 法属于改良型的 SBR 法，该法同样也结合了活性污泥法和 SBR 法的优点，采用了单池分为多格的形式，可连续进水并且使用更少的连接管、泵和阀门。其中，反应器包括曝气格和两个交替序批处理格。曝气格在整个运行周期中保持连续曝气。而每半个周期两个序批处理格交替作为 SBR 和澄清池。

回顾城市污水处理技术整个发展过程，污水的处理随着人类健康的需求、环境质量的变化不断加深，人们对水质的要求越来越高，而处理过程却在逐渐趋于简单。

5. 膜生物反应器

膜生物反应器是一种由膜分离单元与生物处理单元相结合的水处理技术。它不同于活性污泥法，不使用沉淀池进行固液分离，而是使用膜组件作为泥水分离单元，使水力停留时间和泥龄完全分离。早期膜生物反应器的研究主要针对其处理效果和应用的可行性等方面。随着生物反应器工艺的开发、研究工作不断深入及膜材料的不断发展，出现了许多新型的膜生物反应器。1969 年，美国某公司将超滤工艺和活性污泥法结合进行城市生活污水处理并申请了专利。该工艺在处理工艺中采用膜分离技术替代常规的活性污泥二沉池，用一个外部循环的板框式组件来实现膜过滤，具有减少污水处理厂占地面积、减少活性污泥产量、维持污泥较高浓度等优点。20 世纪 70 年代初期，好氧分离式膜生物反应器处理城市污水实验研究进一步扩大。1972 年，Shelf 等进行了厌氧膜生物反应器的实验室研究。1974 年，Cruver 等进行了厌氧膜生物反应器的中试试验研究。1974 年，美国 Thetford 系统公司推出外置式膜分离系统 Cycle-Let 工艺用于家庭污水的处理。该系统采用两级污泥好氧-缺氧流程，以外置管式超滤膜来处理污水。出水经过紫外线（UV）消毒后用于冲厕。80 年代，膜生物反应器废水处理技术在日本、美国、澳大利亚、欧洲等国家和地区迅速得到发展。其中，日本在膜生物反应器的技术研究上投入了大量的物力和财力。主要针对不同膜材质、膜组件形式及不同类型生物反应器的工艺组合形式进行研究，并从中获得具有实践指导意义的结论。

同时，膜生物反应器的应用范围不断扩大。20 世纪 80 年代初，Thetford 公司开始把 Cycle-Let 工艺用于更大规模的处理，如商业中心、大型办公楼等，为了减少污水的排放，这些地方都要求对冲洗水进行回用。随着该工艺操作费用及膜材料费用的降低，90 年代，膜生物反应器系统的商业化应用呈现出巨大的增长。90 年代以后，国际上也对膜生物反应器系统在污水处理、饮用水处理及其工艺系统机理、特性、膜通量的影响因素等方面进行了大量的研究，并开始进入实际应用阶段，不少国家已经将该项技术作为缓解水资源短缺的重要技术进行开发。

我国对膜生物反应器的研究比较晚，20 世纪 90 年代膜生物反应器才开始受到关注，其在水处理方面的应用也逐渐发展起来，起始阶段研究较少，但发展十分迅速。近十多年来，许多高校及科研机构等对膜生物反应器工艺开展了大量研究，并取得了令人瞩目的成绩。

材料 2　西安市北石桥污水净化中心

西安市北石桥污水净化中心位于西安市西南郊，服务面积 54km^2，规划人口 60 万人，是处理污水规模较大、工艺先进的现代化城市污水处理厂，设计总规模为 30×104m^3/d，工程总投资 21 亿元人民币，1998 年 5 月建成投产。

采用丹麦 kruger 公司引进的 DE 型氧化沟工艺，工艺技术先进，出水水质稳定，运行管理方便。不仅可以消除有机污染，而且还能达到除磷、脱氮的目的。处理系统采用计算机程序控制，管理方便。污泥达到好氧稳定，剩余污泥直接浓缩、机械脱水。

1. 工程概况

西安市北石桥DE型氧化沟污水处理厂一期工程近期设计规模14万 m³/d，远期规模30万 m³/d。该污水处理厂主要接纳和处理西安市西南郊、东南郊与南郊等地区生活污水和工业企业生产的废水，二者比例在 7 : 3 左右。该区控制人口 60 万人，流域面积为53.5km²。

该区域的主要工业企业有化工、造纸工业、皮革、焦化等，其所排污水与南郊居民住宅和文教区生活污水混合，通过西南郊污水截留总管汇集，由东向西排至西南郊北石桥地区进入皂河，皂河由南向北汇入渭河。

2. 设计进、出水水质

根据对该水厂规划期内工业企业的发展与改造而影响到的污水水质与水量进行分析与预测，其进水水质指标：BOD_5=180mg/L，SS=255mg/L，COD=400mg/L，NH_4^+-N = 32mg/L。

该水厂出水水质指标：BOD_5≤20mg/L，SS≤20mg/L，COD≤100mg/L，NH_4^+-N≤32mg/L（T>12℃）。

3. 处理工艺

综合考虑本工程的建设规模、进水特性、处理要求、工程投资、运行费用和维护管理及工程的资金筹措等情况，经过技术经济的比较分析，确定采用DE型氧化沟生物处理工艺，剩余污泥不经消化直接机械脱水。污水处理厂工艺流程如图 6-14 所示。

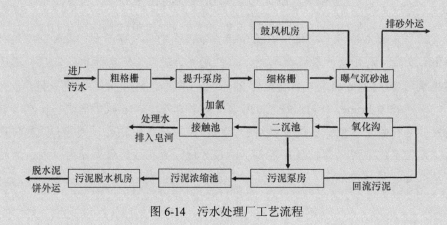

图 6-14 污水处理厂工艺流程

4. 主要构筑物

曝气沉砂池:该厂共设计 2 座曝气沉砂池,每座 2 格,水力停留时间 7.8min,沉砂池设有刮油机,将池表面浮油刮入浮油井中,通过井中油脂泵抽送至池外容器。设计 1 台长度为 11m 的桥式除砂机和 2 台淹没式砂泵,利用砂泵抽送池底沉砂到储砂槽中,经过砂水分离器脱水并运出。曝气沉砂池设置 2 台 RS101 型鼓风机,水汽比在 0.1～0.2。

氧化沟:本污水处理一期工程氧化沟共 3 座 6 池,BOD_5 负荷为 0.09kg BOD_5/(kg MLSS·d),泥龄 12d,活性污泥的污泥浓度(MLSS)=4.5g/L。

二沉池:一期工程设计 6 座直径 40m 的二沉池,采用中进周出水流方式,二沉池水力停留时间 4.7h,污泥回流比 80%。每池设置直径为 40m 的刮泥机,功率 0.37kW,水力负荷 1.02m^3/(m^2·h)。

污泥浓缩池:该厂共设计 2 座污泥浓缩池,其直径为 21m,处理来自二沉池的剩余污泥。每座浓缩池安装 1 台 DP3085 型潜水污泥提升泵,功率 2.0kW,其作用是将浓缩后的污泥提升送至匀质池储存,安装刮泥机和栅栏式污泥搅拌机。

污泥脱水机房:二沉池排出的剩余污泥经过浓缩池浓缩后到达污泥脱水机房,一期工程脱水机房设计 2 台 2000mm 带宽带式压滤机,单台负荷 16～21m^3/h,剩余污泥经过脱水后含水率由 96%～97%降至 78%～80%。

材料 3　山东省济宁市污水处理厂工程设计

济宁市污水处理厂厂区占地面积 330 亩①,该厂于 1992 年经国家计划委员会批准立项,总投资 4.0448 亿元。其建设规模为 20 万 t/d,包括 4 座污水提升泵站和 51km 污水管网,服务面积 47km^2。

济宁市污水处理厂的建成运行,对南水北调工程的顺利实施起到关键作用。将从根本上解决济宁市城区水污染问题,实现城区河水变清的目标,南四湖水体水质明显改善,为市区人民提供良好的生活环境,也促进该市旅游业的发展,优化了投资环境,提高了城市品位。

污水处理基本方法有生物膜法、活性污泥法和自然生物处理法等。现在用的普遍的生活污水处理工艺有活性污泥法及其变形工艺系列、AB 法工艺系列、

---

① 1 亩≈666.67m^2。

标准 A/O 法、A²/O 法工艺系列和 SBR 工艺系列等。每种工艺都各有优缺点，在进行实际操作时可以根据不同的水质、不同的处理规模及不同的处理要求、占地情况来选择不同的工艺。

1. 进水水质和处理要求

污水的有机物浓度可以在很大程度上影响工艺流程的选择。当有机物浓度高时，厌氧/好氧工艺和 AB 法等具有明显的优势。对于 AB 法，A 段只需要较小的池容和电耗就可以去除较多的有机物，节省了基建费和电耗。其中，污水的有机物浓度越高，节省的费用就越多。该工艺特别适用于水质浓度和水量变化较大且水质浓度高的城市污水。当污水有机污染物浓度很高时，厌氧工艺可以很好地处理。而当有机物浓度低时，氧化沟、SBR 工艺等延时曝气法比较有利。氧化沟和 SBR 工艺都具有突出的优点。对于氧化沟而言，它具有构造简单、管理方便、有机物去除率高、有脱氮除磷功能并运行稳定可靠等优点。而 SBR 工艺具有不需要二沉池和污泥回流、占地少、出水水质好、可以脱氮除磷等优点。但它们的污泥负荷很低，池容相对较大，电耗相对较高。SBR 工艺对自动化要求程度也较高。但如果有机物浓度低，就会大大减小氧化沟和 SBR 池容，电耗也会相对较低。因此，有机物浓度低时采用这两种方法更具有优越性。

2. 处理规模和当地条件

污水处理厂的处理规模对于水处理工艺的选择也产生很大的影响，氧化沟和 SBR 法多适用于小型污水处理厂，其运行简单、管理方便。而一般大型污水处理厂多采用的是常规活性污泥法。除此之外，当地的环境条件也是工艺流程选择的影响因素，对于在大城市、人口密度高等环境质量要求高的地区，宜采用占地面积小并且卫生条件好的工艺。而对于大型污水处理厂，通常其技术力量较强、管理水平较高，因此可选择操作及管理较复杂的工艺，如 A²/O 法、AB 法和普曝法等。

3. 污泥稳定方法

污泥稳定处理是污水处理厂的最后一道工序，在优选污水处理厂最佳工艺流程时，应选择污泥稳定方法。国内污泥稳定方法基本采用生物法，生物法又包括好氧稳定和厌氧稳定两种方法，即好氧消化和厌氧消化。其中，好氧消化基建费用低，消化后的污泥易于处理，管理方便，但能耗大。而厌氧消化可节省能量，但基建投资大、管理相当复杂。在厌氧消化和好氧消化的优劣比较中，污水处理厂的规模受到了最大的影响。包括好氧消化在内的延时曝气工艺，其电耗和基建费用随着处理厂的规模的扩大呈线性增长。而厌氧消化反之，其基建费用随着污水处理厂的规模的扩大而增长缓慢，节能效益则增长较快。由此可见，污水处理厂规模越大，采用污泥厌氧消化越具有优势。从管理角度来看，小型污水处理厂管理水平较低，难以适应污泥厌氧消化这种比较复杂的工艺。而大型污水处理厂有条件从管理中出效益。因此，中小型污水处理厂一般不宜采用污泥厌氧消化工艺，而大型污水处理厂可以根据实际情况进行考虑。

根据污水原水水质、排放标准及当地实际情况，选择投资及运行费用低、操作简单、易于管理、运行可靠的工艺方案。综合考虑，决定采用 AB 法生物处理技术。污水处理工艺流程如图 6-15 所示。

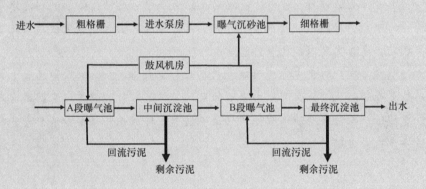

图 6-15　污水处理工艺流程

材料 4　北京市开发区污水处理厂 ICEAS 工艺设计

北京市开发区污水处理厂一期规模 2 万 t/d，最终处理规模 10 万 t/d，该污水处理厂规模较小，其进水水质与典型城市污水水质相似，处理后出水排入周围河流，故出水水质要求较高。综合考虑污水处理厂的实际情况及工艺选择的原则和要求，应采用技术先进、运行可靠、操作方便的工艺，将可靠性和先进性有效结合，最终决定采用间歇式循环延时曝气系统（ICEAS）工艺。

ICEAS 工艺主要由预处理阶段、生物处理阶段和后处理阶段组成。其中，预处理阶段包括格栅和沉砂池，生物处理阶段是 ICEAS 反应池，其充氧手段采用膜片微孔曝气器。后处理阶段则是接触消毒。

ICEAS 工艺属于 SBR 法的变形工艺，具有无污泥回流和混合液回流工作，工艺简洁，布置紧凑，能够大幅度节省占地和能耗，泥龄长，污泥已稳定处理，沉降性能好，剩余污泥少，运行费用低及工程投资少等特点。

经过预处理的污水由配水井连续不断进入反应池前端的预反应区，在该区活性污泥微生物吸附大部分可溶 BOD_5。然后从主、预反应区隔墙下部孔眼以低速进入主反应区，并以"曝气、闲置、沉淀、滗水"的程序周期运行。使污水在"好氧–缺氧"阶段去碳脱氮，"好氧–厌氧"阶段完成除磷。

（1）在曝气充氧时，有机氮在硝化细菌的作用下被转为氨氮，和原污水中的氨氮一起被转为亚硝酸盐氮及硝酸盐氮。同时有机物得到氧化分解释放能量，除磷菌利用该能量大量吸收混合液中的磷，使污水中的磷转到污泥中，以聚磷酸盐的形式储存在生物体内。

（2）当停止曝气时，整个反应池处于缺氧状态，反硝化细菌利用污水中有机物作为碳源将硝酸盐还原为氮气逸出。同时含碳有机物被氧化成二氧化碳和水，从而提高再曝气时的氧传递速率。

（3）当沉淀，即反应池处于缺氧状态时，完成排泥，此时除磷菌尚未将吸收的磷大量释放，以此达到水中除磷的目的。当滗水时污泥层中溶解氧和硝酸盐浓度接近于零，除磷菌水解体内的聚磷酸盐，释放出正磷酸盐和能量，有利于进一步充分吸磷。

第7章 建筑给排水系统概述

7.1 建筑给水系统概述

建筑给水系统是将城镇给水管网或自备水源给水管网的水引入室内，经配水管送至生活、生产和消防用水设备，并满足用水点对水量、水压和水质要求的冷水供应系统。

7.1.1 建筑给水系统的分类

根据用户对水质、水压、水量和水温的要求，并结合外部给水系统情况进行划分，建筑给水系统可分为：生活给水系统、生产给水系统、消防给水系统，以及组合给水系统[1]。

1. 生活给水系统

生活给水系统是指供人们在日常生活中饮用、烹饪、盥洗、沐浴、洗涤衣物、冲厕、清洗地面和其他生活用途的用水。它又可按直接进入人体及与人体接触还是用于洗涤衣物、冲厕等分为两类，前者水质应满足生活饮用水卫生标准，后者水质应满足杂用水水质标准。

2. 生产给水系统

生产给水系统是指供生产过程中产品工艺用水、清洗用水、冷饮用水、生产空调用水、稀释用水、除尘用水和锅炉用水等用途的水。由于工艺过程和生产设备的不同，这类用水的水质要求有较大的差异，有的低于生活饮用水卫生标准，有的远远高于生活饮用水卫生标准。

3. 消防给水系统

消防给水系统是指供消防灭火设施用水，主要包括消火栓和自动喷水灭火系统等设施的用水。消防水用于灭火和控火，即扑灭火和控制火势蔓延。

4. 组合给水系统

上述3种基本给水系统可根据具体情况合并共用，如生活-生产给水系统、生活-消防给水系统、生产-消防给水系统及生活-生产-消防给水系统。

组合给水系统的选择，应根据生活、生产、消防等各项用水对水质、水量、水压、水温的要求，结合室外给水系统的实际情况，经技术、经济比较或采用综合评判法确定。

7.1.2 建筑给水系统的组成

建筑给水系统一般由引入管、给水管道、给水附件、给水设备、配水设备和计量仪表等组成（图7-1）。

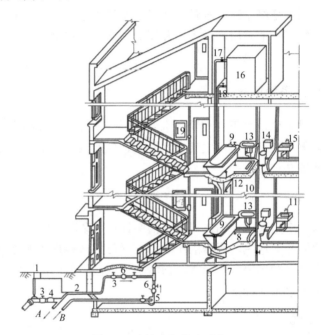

图 7-1　建筑内部给水系统

1-阀门井；2-引入管；3-闸阀；4-水表；5-水泵；6-逆止阀；7-干管；8-支管；9-浴盆；10-立管；
11-水龙头；12-淋浴器；13-洗脸盆；14-大便器；15-洗涤盆；16-水箱；17-进水管；18-出水管；19-消火栓

1. 引入管

引入管又称进户管，是指从室外给水管网的接管点引至建筑物内的管段，引入管上一般设有水表和阀门等附件，有时根据要求还应设管道倒流防止器。

2. 给水管道

给水管道是指干管、立管、支管、分支管等组成的管道系统，用于输送和分配用水。干管又称总干管，是将水从引入管输送至建筑物各区域的管段。立管又称竖管，是将水从干管沿垂直方向输送至各楼层、各不同标高处的管段。支管又称分配管，是将水从立管输送至各房间的管段。分支管又称配水支管，是将水从支管输送至各用水设施的管段。

3. 给水附件

给水附件包括各种阀门、水锤消除器、过滤器、减压孔板等管路附件，其作用是在管道系统中调节水量、水压，控制水流方向和改善水质。消防给水系统的附件主要有水泵接合器、报警阀组、水流指示器、信号阀门和末端试水装置等。

给水系统中常用的阀门有截止阀、闸阀、蝶阀、止回阀和液位控制阀等。

4. 给水设备

给水设备主要包括升压和储水设备，如水泵、水箱、储水池、吸水井、气压给水信号阀门和末端试水装置等。

5. 配水设备

配水设备即用水设施或用水点，生活、生产和消防给水系统及其管网的终端即为配水设备。生活给水系统主要指卫生器具的给水配件或配水龙头；生产给水系统主要指用水设备；消防给水系统主要指室内消火栓、消防软管卷盘、自动喷水灭火系统中的各种喷头。

6. 计量仪表

计量仪表包括测流量、压力、温度、水位等的专用仪表，如水表、流量表、压力计、真空计、温度计、水位计等。

在引入管上应装设水表，以计量建筑物的总用水量。在其前后装设阀门、旁通管和泄水阀门等管路附件，并设置在水表井内。

7.2　生活给水系统的给水方式

给水方式是指建筑内部给水系统的供水方案。在初步确定给水方式中，对层高不超过 3.5m 的民用建筑，给水系统所需的压力（自室外地面算起）可用以下经验法估算：1 层为 100kPa，2 层为 120kPa，3 层以上每增加 1 层则增加 40kPa。

7.2.1　给水方式的设置原则

（1）尽量利用外部给水管网的水压直接供水。当外部管网水压和流量不能满足整个建筑物的用水要求时，建筑物下层应利用外网水压直接供水，上层可设置加压和流量调节装置来供水[2]。

（2）除高层建筑和消防要求较高的大型公共建筑和工业建筑外，一般情况下消防给水系统应与生产给水系统共用一个供水系统。但应注意生活给水管道不能被污染。

（3）生活给水系统中，卫生器具处的静压力不得大于 0.60MPa。一般最低处卫生器具给水配件的静水压力不宜大于0.45MPa（特殊情况下不宜大于0.55MPa），一般宜控制在以下数值范围：旅馆、招待所、宾馆、住宅、医院等晚间有人住宿和停留的建筑，按 0.30～0.35MPa 分区；办公楼等晚间无人住宿和停留的建筑，按 0.35～0.45MPa 分区；水压大于0.35MPa 的入户管（或配水横管）宜设减压或调压设施。

（4）生产给水系统中最大静水压力，应根据工艺要求、用水设备、管道材料、管道配件、附件、仪表等的工作压力确定。

（5）消火栓给水系统最低处消火栓最大静水压力不应大于 0.80MPa，对出水压力超过 0.50MPa 的消火栓应采取减压措施。

（6）自动喷水灭火系统管网的工作压力不应大于 1.20MPa，并不应设置其他用水设施。最低喷头处的最大静水压轻危险级、中危险级场所中各配水管入口的压力均不宜大于 0.40MPa。

7.2.2 常见的给水方式

1. 直接给水方式

由室外给水管网直接供水，是最简单、经济的给水方式。它适用于建筑物外部给水管网的水压、水量在一天内均能满足建筑内部各用水点的要求的建筑，无须增设水压调节设施（图 7-2）。

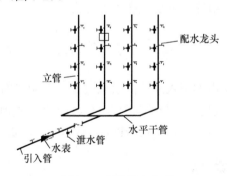

图 7-2　直接给水方式

特点：供水可靠，系统简单、投资省，安装维护简单，节约能源。但建筑物内部无调节、储备水量，外部给水管网停水时，内部给水系统也随之无水。

2. 设水箱的给水方式

设水箱的给水方式宜在室外给水管网供水压力周期性不足时采用。当低峰用水时，可利用室外给水管网水压直接供水并向水箱进水，以供水箱储备。高峰用水时，室外管网水压不足，这时由水箱向建筑给水系统供水。当室外给水管网水压偏高或不稳定时，为保证建筑给水系统的良好工况或满足稳压供水的要求，也可采用设水箱的给水方式。室外管网直接将水输入水箱，由水箱向建筑内给水系统供水。

3. 设水泵的给水方式

设水泵的给水方式宜在室外给水管网的水压经常不足时采用。当建筑内用水量大且较均匀时，可用恒速水泵供水；当建筑内用水不均匀时，宜采用一台或多台水泵变速运行供水，以提高水泵的工作效率。为充分利用室外管网压力以节省电能，当水泵与室外管网直接连接时，应设旁通管，当室外管网压力足够大时，可自动开启旁通管的止回阀直接向建筑内供水。因水泵直接从室外管网抽水，会使外网压力降低，影响附近用户用水，严重时还可能造成外网负压；在管道接口不严密时，必须征得供水部门的同意，并在管道连接处采取必要的防护措施，以免水质污染。为避免上述问题，可在系统中增设储水池，采用水泵与室外管网间接连接的方式[3]（图 7-3）。

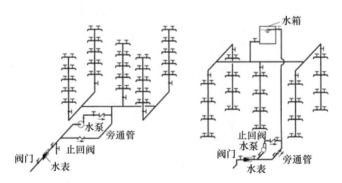

图 7-3　设水泵的给水方式

4. 设水泵-水箱联合的给水方式

设水泵-水箱联合的给水方式宜在室外给水管网压力低于或经常不满足建筑内给水管网所需的水压，且室内用水不均匀时采用。该给水方式的优点是水泵能及时向水箱供水，可缩小水箱的容积，又因有水箱的调节作用，水泵出水量稳定，能保持在高效区运行（图 7-4）。

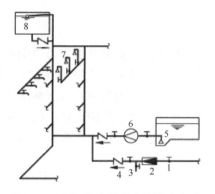

图 7-4 设水泵-水箱联合的给水方式

1-阀门；2-水表；3-阀门；4-止回阀；5-水池；6-水泵；7-用水器具；8-水箱

5. 气压给水方式

气压给水方式即在给水系统中设置气压给水设备，利用该设备的气压水罐内气体的可压缩性，升压供水。气压水罐的作用相当于高位水箱，其位置可根据需要设置在高处或低处。该给水方式宜在室外给水管网压力低于或经常不能满足建筑内给水管网所需水压，室内用水不均匀，且不宜设置高位水箱时采用（图 7-5）。

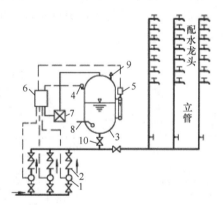

图 7-5 气压给水方式

1-水泵；2-止回阀；3-气压水罐；4-压力信号器；5-液位信号器；
6-控制器；7-补气装置；8-排气阀；9-安全阀；10-阀门

6. 分区给水方式

当室外给水管网的压力只能满足建筑下层供水要求时，可采用分区给水方式。室外给水管网水压线以下的楼层为低区，由外网直接供水，水压线以上楼层为高区，由升压储水设备供水。可将两区的 1 根或几根立管相连，在分区处设阀门，以备低区进水管发生故障或外网压力不足时打开阀门，由高区水箱向低区供水。

在高层建筑中常见的分区给水方式有水泵并列分区给水方式、水泵串联分区给水方式和水泵供水减压阀分区给水方式。

1）水泵并列分区给水方式

该给水方式的各给水分区分别设置水泵或调速水泵，各分区水泵采用并列方式供水。优点是供水可靠、设备布置集中，便于维护、管理，省去水箱占用面积，能量消耗较少。缺点是水泵数量多、扬程各不相同。

2）水泵串联分区给水方式

各分区分别设置水泵或调速泵，各分区水泵采用串联方式供水。优点是供水可靠，不占用水箱使用面积，能量消耗较少。缺点是水泵数量多，设备布置分散，维护、管理不便。使用时，水泵启动顺序为自下而上，各区水泵的能力应匹配。

3）水泵供水减压阀分区给水方式

水泵供水减压阀分区给水方式的优点是供水可靠、设备与管材少、投资省、设备布置集中、省去水箱占用面积。缺点是下区水压损失大，能量消耗多。

7. 分质给水方式

分质给水方式即根据不同用途所需的不同水质，分别设置独立的给水系统。饮用水给水系统供饮用、烹饪、盥洗等生活用水，水质应符合《生活饮用水卫生标准》。杂用水给水系统，水质较差，仅符合《生活杂用水水质标准》，只能用于建筑内冲洗便器、绿化、洗车、扫除等用水。近年来为确保水质，有些国家还采用了饮用水与盥洗、淋浴等生活用水分设两个独立管网的分质给水方式。生活用水均先入屋顶水箱（空气隔断）后，再经管网供给各用水点，以防回流污染。饮用水则根据需要，经深度处理后达到直接饮用要求，再进行输配[1]。

7.2.3　生活给水系统的水质保证

不同的给水系统均要求有一定的水质，水经过处理达到一定的水质要求后，才能进入输配水管网，水质受到污染就会直接影响使用。对于生活饮用水管道来说，这一点尤为重要。从城市给水管网引入建筑的自来水，其水质一般均符合《生活饮用水卫生标准》，但若建筑内部的给水系统设计、施工或维护不当，则可能会出现水质污染现象，致使疾病传播，直接危害人民的健康和生命安全。因此，必须加强水质防护，以确保供水安全。

1. 水质污染原因

若储水池（箱）中的制作材料或防腐涂料选择不当，其中含有毒物质，有毒物质将逐渐溶于水中，会直接污染水质。若水在储水池（箱）中停留时间过长，水中余氯被耗尽后，随着有害微生物的生长繁殖，水会腐败变质。若储水池（箱）管理不当，如水池（箱）中孔不严密，通气管或溢流管口敞开设置，尘土、蚊蝇、鼠、雀等均可能通过以上孔、口进入水中而造成污染[4]。

回流污染，即非饮用水或其他液体倒流入生活给水系统。形成回流污染的主要原因是：埋地管道或阀门等附件连接不严密，平时渗漏，当饮用水断流，管道中出现负压时，被污染的地下水或阀门井中的水即会通过渗漏处进入给水系统；放水附件安装不当，出水口设在卫生器具或用水设备溢流水位下，或溢流管堵塞，而器具或设备中留有污水，室外给水管网又因事故而使供水压力下降，当开启放水附件时，污水即会在负压作用下吸入给水管道；饮用水管与大便器连接不当，将给水管与大便器的冲洗管直接相连，并用普通阀门控制冲洗，当给水系统压力下降时，开启阀门也会出现回流污染现象；饮用水与非饮用水管道直接连接，当非饮用水压力大于饮用水压力且连接管中的止回阀或阀门密闭性差时，非饮用水会渗入饮用水管道而造成污染。

2. 水质防护措施

（1）管道、水箱、气压水管等输水、储水设备器材不少采用金属材质，水中氧的释放、不同金属材料的电位差、金属材料本身的纯度不够和铁细菌的作用等原因会产生氧化腐蚀现象。

为保证用水水质，可采用耐腐蚀材料的管道，水箱、气压水罐可采用耐腐蚀材料或衬砌、涂刷耐腐蚀材料；采用水质稳定处理方法防止腐蚀，采取除氧措施，减少水中溶解氧。

（2）给水管道和储水构筑物渗漏也是影响水质的重要原因，在管道和构筑物出现渗漏、排气阀损坏、连接处止回阀失灵，或利用建筑物自身底部结构作为水池池壁、水箱箱壁的情况下，当给水管和储水构筑物附近的排水管和化粪池损坏时，尤其是排水管和化粪池距离给水管较近，且位于给水管和储水构筑物上方时，情况会更加严重。一旦管道降压或失压，污废水联通各种病菌会从渗漏部位进入给水管和储水构筑物造成水质污染[5]。

为保证用水水质，可采用接口方式严密、基础设施稳妥的排水管材，适当拉开给水管和排水管、储水池和化粪池的间距，提高生活饮用水储水池的标高，使之高于化粪池等，防止管道和储水构筑物渗漏污染水质。

（3）管网末端的水停留时间过长，水箱、水池容积过大或有死水区，消防给水和生活、生产给水管道共通，消防给水管段内的水长期滞留不用，都将对水质造成污染。季节性使用的水池和水箱是另一种污染情况，在使用期后，水池内或水箱内的水往往要到次年的用水高峰时才开始动用。储水停留时间过长，必然使余氯量不足、微生物滋生、管道腐蚀加剧、水质污染情况恶化。

为保证用水水质，应防止水体直流变质，生活和消防共用给水系统的消防立管应考虑定期排空等措施。

（4）防止直接混接污染。生活饮用水管道与非饮用水管道或设备直接连接时，生活饮用水水质有被污染的可能，被称为直接混接污染。规范规定生活饮用水管道不得与非饮用水管道连接；在特殊情况下，必须以饮用水作为工业备用水源时，两种管道的连接处应设置管道倒流防止器或其他防止水质污染的措施。在连接处，生活饮用水的水压必须经常大于其他水管的水压。直接混接污染又称多水源造成的水质污染，在自备水源和城市生活饮用水管道连接时，或与非饮用水管道（如生产给水管网、消防给水管网、建筑中水管网、循环冷却水管网、海水给水管网等）误接时，往往会产生直接混接污染。

为保证用水水质，应防止直接混接污染的各种措施，在这里不做详述。

（5）防止间接混接污染。输送饮用水的给水管配水口如低于受水容器最高溢水位，而使水质被污染的现象称为间接混接污染。

为保证用水水质，应按照相关规范要求采取措施以防止间接混接污染。

（6）防止回流污染。给水管道内因水压降低而使受水容器中的废水、废液在负压作用下，回吸进入给水管道内的现象称为回流。由于回流而造成的污染称为回流污染。

为保证用水水质，热水机组、锅炉、水加热器、气压水罐等有压容器的进水管上应设管道倒流防止器；水池、水箱的进水管为淹没连接，且水池、水箱水在重力作用下会倒流入的进水管上应设管道倒流防止器等；在另一些管段上，如给水配件上连接有软管的管段中，医院大便器的进水管上等，应设真空破坏器防止回流污染。

（7）防止二次污染。城市供水情况严峻，水量不足、管径偏小、水压偏低，供需矛盾突出，特别是在夏季用水高峰时尤为严重。为缓解这一矛盾，屋顶水箱在调节水量方面发挥了重要作用。但是屋顶水箱作为二次供水装置在水质方面存在不少问题，经水质抽样检验，浑浊度、细菌总数、大肠菌群指标严重超过《生活饮用水卫生标准》，水箱水面往往有漂浮物，水中存有水生物，水箱底部积存污物。

为保证用水水质，需要注意防止屋顶水箱的二次污染。

（8）其他防止水质污染措施。加强给水管网的施工管理，防止泥土、污水、污物等进入管道，在管道试压合格、竣工验收后，进行浸泡消毒，清洗干净后再投入使用等。

7.3 消防给水系统

随着城市建设的迅速发展，各种功能的大型建筑、地下建筑、高层和超高层建筑不断涌现，火灾隐患逐渐增多，恶性火灾事故时有发生。发生火灾后应该如何控制火灾并且快速将火扑灭是首先要解决的问题。

按照灭火系统所使用的灭火介质来分，常用的灭火系统可分为：水消防系统、气体灭火系统、泡沫灭火系统、干粉灭火系统等。水消防系统是目前应用最普遍和投资最低的系统，可以适用于绝大多数的场所。水消防系统按照使用范围和水流形态的不同，主要分为消火栓给水系统（包括室外消火栓给水系统、室内消火栓给水系统）和自动喷水灭火系统（包括闭式系统、干式系统、预作用系统、重复启闭预作用系统、雨淋系统、水幕系统、水喷雾系统）。水消防系统主要依靠水对燃烧物的冷却降温作用来扑灭火灾，但自动喷水灭火系统中的水喷雾系统除了对燃烧物有冷却降温的作用外，细小的水雾粒子还能稀释燃烧物周围的氧气浓度，从而达到灭火的效果。

7.3.1 消火栓给水系统及布置

建筑消火栓给水系统由于建筑高度和消防车灭火能力的限制，又分为低层建筑消火栓系统和高层建筑消火栓系统，《建筑设计防火规范》（GB 50016—2014）对建筑物内部如何设置消火栓给水系统做出了详细规定和说明。

1. 系统组成

室内消火栓给水系统一般由水枪、水带、消火栓、消防管道、消防水池、高位水箱、水泵接合器和增压水泵等组成。

2. 系统布置

1）消火栓布置

消火栓的布置应保证 1 支或 2 支消防水枪的充实水柱到达建筑物任何部位。

消火栓口距地面安装高度为 1.1m，栓口宜向下或与墙面垂直安装。同一建筑内应选用同一规格的消火栓、水带和水枪。为保证及时灭火，每个消火栓处应设置直接启动消防水泵按钮或报警信号装置。

建筑室内消火栓的设置位置应满足火灾扑救要求，一般消火栓应设置在位置明显且操作方便的过道内，宜靠近疏散方便的通道口处、楼梯间内等便于取用和火灾扑救的位置。

2）消防给水管道的布置

消火栓系统管网应布置成环状，当室外消火栓设计流量不大于 20L/s（但建筑高度超过 50m 的住宅除外），且室内消火栓不超过 10 个时，可布置成枝状；当由室外生产生活、消防合用系统直接供水时，合用系统除应满足室外消防给水设计流量及生产和生活最大小时设计流量的要求外，还应满足室内消防给水系统的设计流量和压力要求；室内消防管道管径应根据系统设计流量、流速和压力要求经计算确定；室内消火栓竖管管径应根据竖管最低流量经计算确定，但 DN 不应小于 100mm[①]。

7.3.2　自动喷水灭火系统及布置

自动喷水灭火系统是一种在发生火灾时能自动打开喷头灭火并同时发出火警信号的固定消防灭火设施。它适用于扑救初期火灾，是国际上应用范围最广、灭火成功率最高（达到了 95%以上）的固定灭火设施，是最有效的建筑火灾自救设施。在国外，自动喷水灭火系统已被广泛采用。多层建筑均设置自动喷水灭火系统。在我国，自动喷水灭火系统广泛地应用于工业与民用建筑中[5]。

1．系统分类及组成

自动喷水灭火系统根据系统中所使用喷头的形式不同，可分为闭式和开式自动喷水灭火系统两大类。在闭式系统中又根据系统内是否有水分为湿式系统、干式系统、干式-湿式系统等，自动喷水灭火系统中约有 70%是湿式自动喷水灭火系统。开式系统又可分为雨淋系统、水幕系统和水喷雾系统。

1）湿式系统

该系统由闭式喷头、湿式报警阀、报警装置、管网及供水设施等组成。该系统在报警阀的前后管道内始终充满压力水。

2）干式系统

该系统与湿式系统类似，但在报警阀后的管道上无水，而是充以有压气体，火灾发生时，喷头首先喷出气体，致使管网中压力降低，供水管道中的压力水打开报警阀而进入配水管网，接着从喷头喷出灭火。该系统由于报警阀后管网无水不怕冻，所以适用于温度低于 4℃或温度高于 70℃的场所。

3）雨淋系统

该系统由火灾探测系统、开式喷头、雨淋阀、报警装置、管道系统和供水装置组成。发生火灾时，火灾报警装置自动开启雨淋阀，开式喷头便自动喷水，大面积

---

① DN（nominal diameter）表示公称直径。

均匀灭火,效果十分显著。此系统适用于需要大面积喷水灭火并需快速制止火灾蔓延的危险场所,如剧院舞台,以及火灾危险性较大的生产车间、库房等场合。

4)水幕系统

该系统是由水幕喷头、控制阀(雨淋阀或干式报警阀等)、探测系统、报警系统和管道等组成的阻火、隔火喷水系统。该系统和雨淋系统所不同的是雨淋系统中用开式喷头,将水喷洒成锥体形扩散射流,而水幕系统中用开式水幕喷头,将水喷洒成水帘幕状。因此,它不能直接用来扑灭火灾,而是与防火卷帘、防火幕配合使用,对它们进行冷却和提高它们的耐火性能,阻止火势扩大和蔓延。也可单独使用,用来保护建筑物的门窗、洞口或在大空间造成防火水帘起防火分隔作用。

5)水喷雾系统

该系统是利用水喷雾喷头在一定水压下将水流分解成细小水雾滴进行灭火或防护冷却的一种灭火系统,适用于存放或使用易燃液体的场所及用于扑灭电气设备引起的火灾。

2. 系统的布置

自动喷水灭火系统应设有洒水喷头、水流指示器、报警阀组、压力开关等组件和末端试水装置及管道、供水设施;控制管道静压的区段宜分区供水或设减压阀,控制管道动压的区段宜设减压孔板或节流管;系统应设有泄水阀 (或泄水口)、排气阀 (或排气口) 和排污口;干式系统和预作用系统的配水管道应设快速排气阀。有压充气管道的快速排气阀入口前应设电动阀,并应在启动供水泵的同时开启。

配水管道应采用内外壁热镀锌钢管或符合国家现行的相关标准,并经国家固定灭火系统和耐火构件质量监督检验中心检测合格的涂覆其他防腐材料的钢管及铜管、不锈钢管。当报警阀入口前管道采用不防腐的钢管时,应在该段管道的末端设过滤器。镀锌钢管应采用沟槽式连接件(卡箍)、丝扣或法兰连接。铜管、不锈钢管应采用配套的支架、吊架。报警阀前采用内壁不防腐钢管时,可焊接连接。水平安装的管道宜有坡度,并应坡向泄水阀。

7.4 热水供应系统

7.4.1 热水供应系统的分类及组成

1. 系统分类

建筑内部热水供应系统按热水供应范围,可分为局部热水供应系统、集中热水供应系统和区域热水供应系统[6]。

1）局部热水供应系统

采用小型加热器就地加热，供局部范围内一个或几个配水点使用的热水系统称局部热水供应系统。该系统的热水输送管道短，热损失小；设备、系统简单，造价低；维护管理方便、灵活；改建、增设较容易。但具有热效率低，制水成本高，使用不够方便舒适，占用的建筑总面积较大等缺点。该系统适用于热水用量较小且较分散的建筑，如一般单元式居住建筑，小型饮食店、理发馆、医院、诊所等公共建筑。

2）集中热水供应系统

在锅炉房、热交换站或加热间将水集中加热后，通过热水管网输送到整幢或几幢建筑的热水系统称为集中热水供应系统。

集中热水供应系统具有设备总容量较小，各热水使用场所不必设置加热装置，占用总面积较少等优点；其缺点是系统组成复杂，投资较大，且需要专业的维护管理，同时由于管线较长，热损失较大，而且一旦建成，改建或扩建都较为困难。

集中热水供应系统适用于热水用量较大，用水点比较集中的建筑，如高级居住建筑、旅馆、公共浴室、医院、疗养院、体育馆、大型饭店等公共建筑，布置较集中的工业企业建筑等。

3）区域热水供应系统

在热电厂、区域性锅炉房或热交换站将水集中加热后，通过市政热力管网输送至整个建筑群、居民区、城市街坊或整个工业企业的热水系统称为区域热水供应系统。该系统具有热水成本低，设备总容量小，占用总面积少等优点；但设备、系统复杂，建设投资高；需要较高的维护管理水平；改建、扩建困难。

区域热水供应系统适用于建筑布置较集中、热水用量较大的城市和工业企业，目前在国外特别是发达国家应用较多。

2. 热水供应系统的组成

建筑内热水供应系统中，局部热水供应系统所用加热器、管路等比较简单。区域热水供应系统管网复杂、设备多。集中热水供应系统应用较为普遍。集中热水供应系统的组成部分如图 7-6 所示。

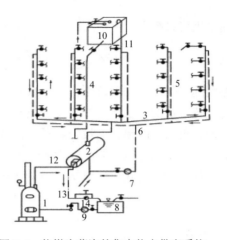

图 7-6　热媒为蒸汽的集中热水供应系统

1-锅炉；2-水加热器；3-配水干管；4-配水立管；5-回水立管；6-回水干管；7-循环泵；
8-凝结水池；9-冷凝水泵；10-给水水箱；11-透气管；12-热媒蒸汽管；13-凝结管；14-疏水器

1）第一循环系统（热水制备系统）

第一循环系统又称热媒系统，由热源、水加热器和热媒管网组成。锅炉生产的蒸汽（或过热水）通过热媒管网输送到水加热器，经散热面加热冷水。蒸汽经过热交换后变成凝结水，靠余压经疏水器流至凝结水箱，凝结水和新补充的冷水经冷凝水循环泵再送回锅炉生产蒸汽。如此循环而完成水的加热，即热水制备过程。

2）第二循环系统（热水供应系统）

第二循环系统的任务是向建筑内部各用水点供应满足设计温度要求的热水，该系统通常由热水配水管网和回水管网组成。水加热器所需冷水来源于高位水箱或给水管网。为满足各热水配水点随时都有设计要求温度的热水，在立管和水平干管甚至配水支管上设置回水管，使一定量的热水在配水管网和回水管网中流动，以补偿配水管网中所散失的热量，避免热水温度的降低。

3. 热水供水方式

（1）按热水加热方式的不同，热水供水方式有直接加热和间接加热之分。

直接加热方式又称一次换热，是利用以燃气、燃油、燃煤为燃料的热水锅炉，把冷水直接加热到所需热水温度，或者将蒸汽或高温水通过穿孔管或喷射器直接通入冷水，混合制备热水。

间接加热又称二次换热，是将热媒通过水加热器把热量传递给冷水以达到加热冷水的目的，在加热过程中热媒与被加热水不直接接触。

（2）按热水系统是否敞开，热水供水方式分为开式和闭式两类。

开式热水供水方式，即在所有配水点关闭后，系统内的水仍与大气相通。开式热水供水方式可保证系统水压稳定和供水安全可靠，但高位水箱占用建筑空间和开式水箱易受外界污染。该方式适用于要求水压稳定，且允许设高位水箱的热水系统。

闭式热水供水方式，即在所用配水点关闭后，整个系统与大气隔绝，形成密闭系统，该方式中应采用设有安全阀的承压水加热器，为了提高系统的安全可靠性，还应设置压力膨胀罐。闭式热水供水方式具有管路简单、水质不易受外界污染的优点，但供水水压稳定性较差，安全可靠性较差，适用于不宜设置水箱的热水供应系统。

（3）按热水管网的循环方式不同，热水供水方式有全循环、半循环、无循环之分。

全循环热水供水方式是指所有配水干管、立管和分支管都设有相应回水管道，可以保证配水管网任意点的水温。该方式适用于要求能随时获得设计温度热水的高标准建筑中，如高级宾馆、饭店、高级住宅等。

半循环热水供水方式又有立管循环和干管循环之分。立管循环热水供水方式是指热水干管和热水立管内均保持有热水的循环，打开配水龙头时只需放掉热水支管中少量的存水，就能获得规定水温的热水。该方式多用于设有全体供应热水的建筑和设有定时供应热水的高层建筑中；干管循环热水供水方式是指仅保持热水干管内的热水循环，多用于采用定时供应热水的建筑中。在热水供应前，先用循环泵把干管中已冷却的存水循环加热，当打开配水龙头时只需放掉立管和支管内的冷水就可流出符合要求的热水。

无循环热水供水方式是指在热水管网中不设任何循环管道。热水供应系统较小，使用要求不高的定时供应系统，如公共浴室、洗衣房等可采用此方式。

（4）按热水管网运行方式不同，热水供水方式可分为全天循环方式和定时循环方式。

全天循环方式，即全天任何时刻，管网中的热水都维持不低于循环流量的流量，使设计管段的水温在任何时刻都保持不低于设计温度的循环方式。

定时循环方式，即在集中使用热水前，利用水泵和回水管道使管网中已经冷却的水强制循环加热，在热水管道中的热水达到规定温度后再开始使用的循环方式。

（5）按热水管网循环动力不同，热水供水方式可分为自然循环方式和机械循环方式。

自然循环方式利用热水管网中配水管和回水管内的温度差所形成的自然循环作用水头（自然压力），使管网内维持一定的循环流量，以补偿热损失，保持一定的供水温度。

机械循环方式利用水泵强制水在热水管网内循环，造成一定的循环流量，以补偿管网热损失，维持一定的水温。目前实际运行的热水供应系统多数采用这种循环方式。

（6）按热水配水管网水平干管的位置不同，热水供水方式可分为下行上给供水方式和上行下给供水方式。

选用何种热水供水方式，应根据建筑物用途、热源的供给情况、热水用量和卫生器具的布置情况进行技术和经济比较后再确定。

7.4.2 辅助设施及设备

1. 热源的选择

集中热水供应系统的热源宜首先利用工业余热、废热、地热、可再生低温能源和太阳能。当没有条件利用工业余热、废热、地热或太阳能等自然热源时，宜优先采用能保证全年供热的热力管网作为集中热水供应的热媒。当区域性锅炉房或附近的锅炉房能充分供给蒸汽或高温水时，宜采用蒸汽或高温水作集中热水供应系统的热媒。当上述热源无可利用时，可设燃油（气）热水机组或电蓄热设备等作为集中热水供应系统的热源或直接供给热水。

局部热水供应系统的热源宜采用太阳能及电能、燃气、蒸汽等。

2. 加热和储热设备

1）热水锅炉

集中热水供应系统采用的热水锅炉主要有燃煤锅炉、燃油锅炉和燃气锅炉3种。

2）水加热器

常用的水加热器根据储存和调节能力的大小，分为容积式水加热器、快速式水加热器、半容积式水加热器和半即热式水加热器。容积式水加热器是内部设有热媒导管的热水储存容器，具有加热冷水和储备热水两种功能。快速式水加热器是热媒与被加热水通过较大速度的流动进行快速换热的一种间接加热设备，具有效率高、体积小、安装搬运方便的优点。半容积式水加热器是带有适量储存与调节容积的内藏式容积式水加热器，由储热水罐、内藏式快速换热器和内循环泵3个主要部分组成。半即热式水加热器是带有超前控制，具有少量储存容积的快速式水加热器，具有快速加热被加热水，浮动盘管自动除垢的优点。

3）加热水箱和热水储水箱

加热水箱是一种简单的热交换设备,在水箱中安装蒸汽多孔管或蒸汽喷射器,可构成直接加热水箱。在水箱内安装排管或盘管即构成间接加热水箱。加热水箱适用于公共浴室等用水量大而均匀的定时热水供应系统。

热水储水箱(罐)是一种专门调节热水量的容器。可在用水不均匀的热水供应系统中设置,以调节水量,稳定出水温度。

4）可再生低温能源的热泵热水器

热泵热水器主要由蒸发器、压缩机、冷凝器和膨胀阀等部分组成,通过让工质不断完成蒸发(吸取环境中的热量)→压缩→冷凝(放出热量)→节流→再蒸发的热力循环过程,从而将环境的热量转移到水中。

5）太阳能热水器

太阳能热水器是将太阳能转换成热能并将水加热的装置。其优点是:结构简单、维护方便、节省燃料、运行费用低、不存在环境污染问题。其缺点是:受天气、季节、地理位置等影响不能连续稳定运行,为满足用户要求需配置储热和辅助加热设施,占地面积较大,布置受到一定的限制。

局部加热设备包括燃气热水器、电热水器和太阳能热水器。

3. 管材和附件

1）管材

热水供应系统采用的管材和管件应符合现行产品标准的要求,管道的工作压力和工作温度不得大于产品标准标定的允许工作压力和工作温度。热水管道应选用耐腐蚀、安装连接方便可靠、符合饮用水卫生要求的管材及相应的配件,一般可采用薄壁铜管、薄壁不锈钢管、三型无规共聚聚丙烯(PP-R)管、聚丁烯(PB)管、铝塑复合管、交联聚乙烯(PE-X)管等。

当选用塑料热水管或塑料和金属复合热水管材时,管道的工作压力应按相应温度下的允许工作压力选择,管件宜采用和管道相同的材质,定时供应热水的系统因其水温周期性变化大,不宜采用对温度变化较敏感的塑料热水管。

2）附件

(1)自动温度调节装置(控制水温):热水供应系统中为实现节能节水、安全供水,在水加热设备的热媒管道上装设自动温度调节装置以控制出水温度。自动温度调节装置有直接式和间接式两种类型。

（2）伸缩器：避免因受热膨胀伸长而产生内应力，引起管道的弯曲、破裂或接头松动，而采取补偿管道因温度变化造成伸缩的措施。

（3）疏水器：保证凝结水及时排放，同时又防止蒸汽漏失，安装在用气设备的凝结水回水管上。

（4）排气阀：及时排除从水中逸出的气体和管网中热水散发的气体的装置。

（5）减压阀、安全阀：减压阀主要是为了把蒸汽压力减至热交换设备允许的压力值，以保证设备运行安全，供蒸汽介质减压常用的减压阀有：活塞式、膜片式、波纹管式。安全阀是一种保安器材，安装在管网和其他设备中，其作用是避免压力超过规定的范围而造成管网和设备等的破坏。

（6）膨胀管和膨胀水箱。主要用来调节冷水被加热后膨胀的体积，避免管道胀裂的危险。

7.5 建筑排水系统

7.5.1 系统的分类及组成

1. 系统分类

建筑内部排水系统的功能是将人们在日常生活和工业生产过程中使用过的、受到污染的水及降落到屋面的雨水和雪水收集起来，及时排到室外。建筑内部排水系统分为污水排水系统(排除建筑内部生活污水及其他污水)、废水排水系统(排除建筑内部生活及其他废水)和雨水排水系统（排除屋面降水)。

（1）污水排水系统：排除便器及与此相似的卫生设备产生的污水，污水需经化粪池或居住小区污水处理设施处理后才能排放，如市政污水管网。

（2）废水排水系统：排除洗涤、盥洗和烹饪产生的废水，可直接排入市政污水管网，也可经过处理后可作为杂用水，用来冲洗厕所、浇洒绿地和道路、冲洗汽车等。

（3）雨水排水系统：收集并排除降落到建筑屋面上的雨（雪）水，雨（雪）水排放至市政雨水管网。

2. 排水体制及选择

建筑排水体制分为分流制和合流制两种[7]。分流制是指污水和废水分别通过不同的管道系统分别排至建筑外部，合流制是指污水和废水通过同一个管道系统排至建筑外部。

建筑物宜设置独立的屋面雨水排水系统，迅速、及时地将雨水排至室外雨水管渠或地面。在缺水或严重缺水地区宜设置雨水储存池。

建筑内部排水体制确定时，应根据污水性质、污染程度、结合建筑外部排水系统体制、有利于综合利用、污水的处理和中水开发等方面的因素考虑。

3. 系统的组成

建筑排水系统应能满足以下三个基本要求，首先，系统能迅速畅通地将污废水排到室外；其次，排水管道系统内的气压稳定，管道系统内的有害气体不能进入室内，保持室内良好的环境卫生；最后，管线布置合理，简短顺直，工程造价低。

为满足上述要求，建筑内部污废水排水系统的基本组成部分有：卫生器具和生产设备的受水器、排水管道、清通设备和通气管道（图 7-7）。在有些建筑物的污废水排水系统中，根据需要还设有污废水的提升设备和局部处理构筑物。

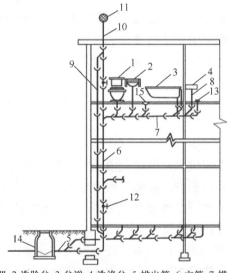

1-大便器；2-洗脸盆；3-盆浴；4-洗涤盆；5-排出管；6-立管；7-横支管；8-支管；
9-专用通气管；10-伸顶通气管；11-网罩；12-检查口；13-清扫口；14-检查井；15-地漏

图 7-7　建筑内部排水系统的组成

1-大便器；2-洗脸盆；3-浴盆；4-洗涤盆；5-排出管；6-立管；7-横支管；8-支管；
9-专用通气管；10-伸顶通气管；11-网罩；12-检查口；13-清扫口；14-检查井；15-地漏

7.5.2　系统的布置与敷设

建筑内部排水系统的选择和管道布置敷设直接影响着人们的日常生活和生产活动，在设计过程中应首先保证排水畅通和室内良好的生活环境，再根据建筑类型、标准、投资等因素，在兼顾其他管道、线路和设备的情况下，进行系统的选择和管道的布置敷设。

1. 布置与敷设的原则

为创造良好的生活和生产环境，建筑排水管道的布置与敷设应遵循以下原则：排水通畅，水利条件好；使用安全可靠，防止污染，不影响室内环境卫生；管线简单，工程造价低；施工安装方便，易于维护管理；占地面积小、美观；同时兼顾给水管道、热水管道、供热通风管道、燃气管道、电力照明线路、通信线路和电视电缆等的布置和敷设要求。

2. 排水管道的布置

建筑物内排水管道的布置应符合下列要求：自卫生器具至排出管的距离应最短，管道转弯应最少；排水立管应靠近排水量最大和杂质最多的排水点；排水管道不得布置在遇火会引起燃烧、爆炸或损坏的原料、产品和设备的上面；架空管道不得布置在生产工艺或卫生有特殊要求的厂房内，以及食品、贵重商品库、通风小室和变配电间内；排水横管不得布置在食堂、饮食业的主副食操作烹调和跃层住宅厨房间内的上方，若实在无法避免，应采取防护措施；生活污水立管不得穿越卧室、病房等对卫生、声音要求较高的房间，并不宜靠近与卧室相邻的内墙。

3. 排水管道的敷设

排水管道一般应地下埋设或在地面上楼板下明设，《住宅设计规范》规定住宅的污水排水横管宜设于本层套内，若必须敷设在下一层的套内空间时，其清扫口应设于本层，并应进行夏季管道外壁结露验算，采取相应的防止结露的措施。如建筑或工艺有特殊要求时，可把管道敷设在管道竖井、管槽、管沟或吊顶内暗设，排水立管与墙、柱应有25～35mm净距，便于安装和检修。在气温较高、全年不结冻的地区，也可设置在建筑物外墙，但应征得建筑设计人员同意。

7.5.3 排水通气管系统

1. 排水通气管系统的作用

建筑内部排水管道内呈水气两相流动，要尽可能迅速安全地将污废水排到室外，必须设通气管系统。排水通气管系统的作用是将排水管道内散发的有毒有害气体排放到一定空间的大气中去，以满足卫生要求；通气管向排水管道内补给空气，减少气压波动幅度，防止水封破坏；通气管经常补充新鲜空气，可减轻金属管道内部受废气的腐蚀，延长使用寿命；设置通气管也可提高排水系统的排水能力。

2. 通气管的设置

（1）伸顶通气管：生活排水管道或散发有害气体的生产污水管道，均应设置伸顶通气管，当无条件设置时，可设置吸气阀。

（2）专用通气立管：当生活排水立管所承担的卫生器具排水设计流量超过无专用通气立管的排水立管最大排水能力时，应设专用通气立管。

（3）主通气立管或副通气立管：建筑物各层的排水横支管上设有环形通气管时，应设置连接各层环形通气管的主通气立管或副通气立管。

（4）结合通气管：凡设有专用通气立管或主通气立管时，应设置连接排水立管与专用通气立管或主通气立管的结合通气管。

（5）环形通气管：连接 4 个及 4 个以上卫生器具并与立管的距离>12m 的排水横支管；连接 6 个及 6 个以上大便器的污水横支管；设有器具通气管的排水管道上。

（6）器具通气管：对卫生、安静要求较高的建筑物内，生活污水排水系统宜设置器具通气管。

（7）汇合通气管：不允许设置过多伸顶通气管或不可能单独伸出屋面时，可设置将数根伸顶通气管汇接后排到室外的汇合通气管。

7.6　建筑雨水排水系统

降落到屋面的雨水和冰雪融化水，尤其是暴雨，会在短时间内形成积水，为了不造成屋面漏水和四处溢流，需要对屋面积水进行有组织的排放。

1. 屋面雨水排水系统分类

根据建筑物的类型、建筑结构形式、屋面面积大小、当地气候条件和生产生活的要求，屋面雨水排水系统可以分为多种类型[1]。

1）外排水雨水排水系统

外排水雨水排水系统是指屋面不设雨水斗，建筑内部没有雨水管道的雨水排放系统。按屋面有无天沟，又可分为檐沟外排水系统和天沟外排水系统。

檐沟外排水：檐沟外排水由檐沟和水落管组成，屋面雨水由檐沟汇水，流入雨水斗，经连接管流至外立管，排至室外散水坡，适用于普通住宅、一般公共建筑和小型单跨厂房。

天沟外排水：天沟外排水由天沟、雨水斗和排水立管等组成，屋面雨水由天沟汇水，排至建筑物两端，经雨水斗、外立管排至室外地面雨水井。适用于长度不超过 100m 的多跨建筑，天沟长度一般不超过 50m。天沟设置在两跨中间并坡向端墙（山墙、女儿墙），雨水斗连接外立管沿外墙布置。

2）内排水雨水排水系统

内排水雨水排水系统是指屋面设雨水斗集流雨水，通过设于建筑内部的雨水管道系统排除雨水。适用于跨度大、较长的多跨工业厂房，在屋面设天沟有困难的锯齿形、壳形屋面厂房或屋面有天窗的厂房，对建筑屋面要求较高的高层建筑、大屋面建筑及寒冷地区的建筑等。

内排水雨水排水系统根据每根立管接纳雨水斗的个数，分为单斗和多斗雨水排水系统两类。根据检查井是否与大气相通又可分为敞开式和封闭式雨水排水系统。内排水雨水排水系统由雨水斗、连接管、悬吊管、立管、排出管、埋地管和检查井等组成。

2. 屋面雨水排水系统组成

1）雨水斗

雨水斗是整个雨水管道系统唯一的进水口，是屋面雨水排水系统的重要组成部分。雨水斗应有可拦截较大杂物，对进水具有整流、倒流和减小掺气量等作用。

2）连接管

连接管是连接雨水斗和悬吊管的一段竖向短管。连接管一般与雨水斗同径，应牢固地固定在建筑物的承重结构上，下端用斜三通与悬吊管连接。

3）悬吊管

悬吊管是悬吊在屋架、楼板和梁下或架空在柱上的雨水横管。悬吊管连接雨水斗和排水立管，其管径不小于连接管管径，也不应大于 300m。

4）排出管

排出管是立管和检查井间的一段有较大坡度的横向管道，其管径不得小于立管管径。排出管与下游埋地干管在检查井中宜采用管顶平接，水流转角不得小于 135°。

5）埋地管

埋地管敷设于室内地下，用于承接立管的雨水，并将其排至室外的雨水管道。埋地管最小管径为 200mm，最大不超过 600mm。埋地管一般采用混凝土管、钢筋混凝土管或陶土管，管道坡度按废水管道最小坡度设计。

6）附属构筑物

附属构筑物用于埋地雨水管道的检修、清扫和排气，主要有检查井、检查口井和排气井。检查井适用于敞开式内排水系统，设置在排出管与埋地管连接处，埋地管转弯、变径及超过 30m 的直线管路上。密闭内排水系统的埋地管上设检查口，检查口设于检查井内，便于清通检修。

7.7　中　水　系　统

中水系统是一个系统工程，是给水工程技术、排水工程技术、水处理工程技术和建筑环境工程技术的有机综合，实现各部分使用功能、节水功能及建筑环境功能的统一[8]。按中水系统服务的范围，一般分为三类：建筑中水系统、小区中水系统和城镇中水系统。

1. 中水系统的分类

1）建筑中水系统

建筑中水系统是指单幢（或几幢相邻建筑）所形成的中水系统，视其情况不同又可再分为具有完善排水设施的建筑中水系统和排水设施不完善的建筑中水系统两种形式。

具有完善排水设施的建筑中水系统要求建筑物排水管系为分流制，且具有城市二级水处理设施。

排水设施不完善的建筑中水系统适用于建筑物排水管系为合流制，且没有二级水处理设施或距二级水处理设施较远，中水水源取自该建筑的排水净化池（如沉砂池、沉淀池、除油池或化粪池等）的情况。

2）小区中水系统

小区中水系统适用于城镇小区、机关大院、企业、学校等建筑群。中水水源取自建筑小区内各建筑物排放的污、废水。室内饮用给水和中水供水应采用双管系统分质供水。室内排水应与小区室外排水体制相对应，污水排放应按生活废水和生活污水分质、分流进行排放。

3）城镇中水系统

城镇中水系统以城镇二级污水处理厂的出水和部分雨水作为中水水源，经提升后送到中水处理站，处理达到生活杂用水水质标准后，供城镇杂用水使用。该系统不要求室内外排水系统必须采用分流制，但城镇应设有污水处理厂，城镇和室内供水管网应为双管系统。

关于上述几种类型的中水系统的应用，据有关资料统计，单幢建筑中水系统远多于建筑小区中水系统，市中心的中水系统多于市郊，中水处理站设于室内地下室多于设在室外。

2. 中水系统的组成

中水系统包括中水原水系统、中水供水系统和中水处理系统三个部分，如图 7-8 所示。它既不是污水处理厂的小型化搬家，也不是给排水工程和水处理设备的简单连接。

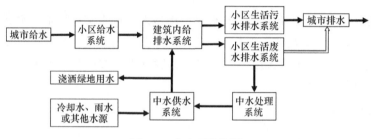

图 7-8　中水系统框图

1）中水原水系统

中水原水系统是指收集、输送中水原水到中水处理设施的管道系统及其附属构筑物。中水原水管道系统及其附属构筑物的设计要求、做法与建筑物或建筑小区的排水管道系统基本相同。

2）中水供水系统

中水供水系统的任务是把水处理设施的出水（符合中水水质标准）保质保量地通过中水输配水管网送至各个中水用水点。该系统由中水配水管网（包括干管、立管、横管）、中水储水池、中水高位水箱、控制和配水附件、计量设备等组成。

3）中水处理系统

中水处理一般将处理过程分为前处理、主要处理和后处理三个阶段。

前处理阶段：此阶段主要是截留较大的漂浮物、悬浮物和杂物，分离油脂，调整 pH 等，其处理设施为格栅、滤网、除油池、化粪池等。

主要处理阶段：此阶段主要是去除水中的有机物、无机物等。其主要处理设施有沉淀池、混凝池、气浮池、生物接触氧化池、生物转盘等。

后处理阶段：此阶段主要是针对某些中水水质要求高于杂用水时所进行的深度处理，如过滤、活性炭吸附和消毒等。其主要处理设施有过滤池、吸附池、消毒设施等。

3. 中水管道系统

中水管道系统分为中水原水集水和中水供水两大部分，中水原水集水管道系统主要是建筑排水管道系统和将原水送至中水处理设施必需的管道系统。中水供水管道系统应单独设置，是将中水处理站处理后的水输送至各杂用水用水点的管网。中水供水系统的管网系统类型、供水方式、系统组成、管道敷设和水力计算与给水系统基本相同，只是在供水范围、水质、使用等方面有些限定和特殊要求。

1）中水原水集水管道系统

中水原水集水管道系统一般由建筑内合流或分流集水管道、室外或建筑小区集水管道、污水泵站及有压污水管道和各处理环节之间的连接管道组成。

（1）建筑内合流或分流集水管道系统：即通常的建筑内排水管网，其支管、立管和横干管的布置与敷设均与建筑排水设计相同。

（2）室外或建筑小区集水管道系统：这部分管道的布置与敷设也与相应的排水管道基本相同，最大的区别在于室外集水干管还需将所收集的原水送至室内或附近的中水处理站。

（3）污水泵站及有压污水管道：由于地形或其他因素，当集水干管的出水不能依靠重力流到中水处理站时，必须设置污水泵将污水加压送至中水处理站。污水泵出口至中水处理站起始进口之间的管道为有压污水管道。

2）中水供水管道系统

中水供水管道系统与建筑给水供水系统基本相同。根据中水的特点应当注意的是，中水管道必须具有耐腐蚀性。因为中水中存在余氯和多种盐类，会产生多种生物学和电化学腐蚀，一般采用塑料管、钢塑复合管和玻璃钢管比较合适；如遇不可能采用耐腐蚀材料的管道和设备，则应做好防腐处理，并要求表面光滑，使其易于清洗、清垢。

4. 中水水源及中水水量

1）中水水源

建筑物中水水源根据处理难易程度和水量大小，可选择的种类和选取顺序为：卫生间、公共浴室沐浴的排水，盥洗排水，空调循环冷却水系统的排污水，冷凝水，游泳池排污水，洗衣排水，厨房排水，冲厕排水。实际上中水水源并不是单一水源，多为上述几种原水的组合，一般可以分成下列三种组合。

盥洗排水和沐浴排水（有时也包括冷却水）组合，通常称为优质杂排水，应优先选用。冲厕排水以外的生活排水的组合，通常称为杂排水。生活污水，即所有生活排水的总称，这种水质最差。

2）中水水量

（1）中水原水水量。中水原水是指来源于建筑的各种排水的组合。中水原水水量指建筑组合排水（如优质杂排水、杂排水、生活污水等）水量。

（2）中水用水量。中水用水量指建筑内各种杂用水的总量。对于一般住宅，中水主要用于冲洗厕所、清扫、浇花用水等。对于办公楼，中水主要用于冲洗厕所、洗车、冷却、绿化用水等。对于室外环境方面，中水主要用于消防、水景、喷洒道路、浇灌花草树木等。

为了直观地反映中水系统中各种水量的来龙去脉、水量多少、分配情况、综合利用情况及相互关系，可用框图表示，这种框图称为水量平衡图。

（3）水量平衡。水量平衡是指整个中水系统内水量的计算和均衡，即将设计的建筑或建筑群的中水原水量、中水水源水量、中水处理水量、中水产水量、中水用水量及调节水量、消耗水量、给水补给水量等进行计算和协调，使各水量的取值大小合理，并且各水量之间以及在时间延续上都能保持动态平衡。水量平衡的结果是选定建筑中水系统类别和处理工艺的重要依据。

参 考 文 献

[1] 王增长. 建筑给水排水工程(第七版). 北京: 中国建筑工业出版社, 2016.
[2] 张英, 吕槛. 新编建筑给水排水工程. 北京: 中国建筑工业出版社, 2004.
[3] 马金. 建筑给水排水工程. 北京: 清华大学出版社, 2004.
[4] 李天荣. 建筑消防设备工程. 重庆: 重庆大学出版社, 2002.
[5] 樊建军. 建筑给水排水及消防工程. 北京: 中国建筑工业出版社, 2009.
[6] 中国建筑设计研究院. 建筑给水排水工程设计基础知识. 北京: 中国建筑工业出版社, 2012.
[7] 李玉华, 苏德俭. 建筑给水排水工程设计计算. 北京: 中国建筑工业出版社, 2006.
[8] 姜湘山. 建筑小区中水工程. 北京: 机械工业出版社, 2003.

阅读材料

材料 1　无锡博物院建筑给排水工程案例

无锡博物院是一座大型的重要的博物馆建筑，该建筑物地下二层、地上五层，包括博物馆、科技馆、革命陈列馆三大部分。其工程消防系统比较复杂，由消火栓系统、自动喷水灭火系统、气体灭火系统和固定消防炮灭火系统组成。

1. 消火栓系统

该工程消火栓系统包括室内、室外消火栓系统，管材均采用内外壁热镀锌钢管。其中室内消火栓系统采用临时高压系统，采用 2 台专用立式恒压切线泵作为加压泵，一用一备。屋面设置增压稳压设备和消防水箱，用水水源储存在地下一层消防与冷却塔补水合用储水池内。室外设置 2 套水泵接合器。为方便检修，消火栓给水管网设置成网状并用阀门分成若干独立段。室外消火栓系统布置在环状市政给水管网上，其用水量由室外市政给水管网供给。

2. 自动喷水灭火系统

自动喷水灭火系统为临时高压系统，与消火栓系统一致，采用 2 台专用立式恒压切线泵作为加压泵，一用一备。管材采用内外壁热镀锌钢管，用水水源也储存在地下一层消防与冷却塔补水合用储水池内。该工程能用水灭火的部位均采用自动喷水灭火系统，并用不同的危险等级来确定喷水强度和作用面积。

本建筑采用湿式喷淋、预作用喷淋并联系统。湿式喷淋系统应用于科技馆、展厅、公共门厅、办公室、走道及公共卫生间等位置。文物库、博物馆文物展示厅、库房及图书馆资料库采用预作用喷淋系统。地下二层车库采用自动喷水--泡沫联用系统以增强灭火能力。

3. 气体灭火系统

气体灭火系统主要采用了一套混合气体烟烙尽（IG541）组合分配系统。其中二~四层的字画展厅不能划分为独立的较小防护区,因此将展厅分为 2~3 个区域并在每个区域设置一套管网。每套管网分别设置集流管及选择阀。五层主要是书画库和纤维库,设置一套管网和一个选择阀。

4. 固定消防炮灭火系统

固定消防炮灭火系统属于临时高压系统，采用 2 台加压泵，一用一备。管材采用内外壁热镀锌钢管，用水水源也储存在地下一层消防与冷却塔补水合用的储水池内。室外设置 3 套消防炮消防水泵接合器，屋面设置消防水箱以保证消防炮灭火系统平时充水要求。

材料 2　广州珠江新城建筑给排水工程案例

广州珠江新城高尚住宅包括一、二、三、四号楼。其中一、二号楼属于商住楼，三、四号楼属于高级住宅，上部为住宅，底层是商铺和会所，地下一层有温泳池、自行车库等，地下二层则是汽车库设备用房和自行车库等。该工程建筑物屋面暴雨重现期取 5 年，小区场地 2 年。屋面采用的是 87 型雨水斗单斗系统。雨水排水设施如下所述。

室外地面雨水经过雨水口到达室外雨水管进行汇集，排至市政雨水管。

屋面雨水则排至雨水斗，经过雨水立管排入雨水检查井，屋面排水管管材采用内壁涂塑钢管，沟槽由管件连接。

空调板与阳台的雨水都经过地漏收集间接排到下层雨水口或屋面，100m 以下的住宅空调板与阳台雨水管、公建部分屋面雨水管采用 PVC-U 排水塑料管，并按照规范设置阻火圈，承插式专用胶黏接，100m 以上的住宅空调板与阳台采用柔性接口法承插式铸铁管。

底层的自行车库和汽车库入口处设置雨水截水沟，将雨水排至室外雨水管，室外部分雨水管管材是 HDPE 双壁缠绕管，采用钢塑弹性密封双向内承插连接件连接。

第8章　给排水常用设备概述

设备是给排水工程的重要组成部分，关系到工程投资及给排水工程的运行。给排水设备是保证水质、提高水处理效率、降低制水成本的关键，设备的改进还可以使水处理工艺得到发展。

发达国家给排水设备已达到高度现代化水平，具有以下特点：一是已实现标准化、定型化、系列化和成套化，已构成门类齐全、商品化程度高的设备工业。二是处理单元设备已形成专业化规模生产，品种、规格、质量相对稳定，性能参数可靠，用户选择非常方便。三是成套设备向大型化发展，工业废水处理设备趋于专门化、成套化、通用化。四是相配套的风机、水泵、阀门等通用设备逐步实现专门化设计，并组织生产，以满足特殊需求。

目前我国的给排水设备也有了成熟的技术，具备规模化生产的条件，而且水处理设备的研发技术和工艺在性能上已经越来越趋近于国际先进技术水平。但是与国外的先进设备相比，依然存在差距，这不仅仅体现在技术标准上，同时还体现在设备的运行安全性、稳定性、运行效率及设备的能耗等方面。在给排水工程设备的发展过程中，机电仪表和自动化设备成为关键技术，开发和使用高效节能、降耗、耐久性好、可靠性高、操作运转灵活、计算机控制及自动化控制的给排水设备成为今后的发展方向。

8.1　设备的材料

设备是由材料制造的。合理选择材料，不但可以提高设备的性能，减少设备的成本，而且会增加设备运行的可靠性、安全性。随着给排水工程的发展，给排水设备种类越来越多，设备的使用条件越加复杂，对于材料的要求也越来越高，如对温度、压力、机械性能、耐腐蚀性的要求等。在设计和选用给排水设备时，要考虑具体的操作条件和性能要求，正确地选用材料。选用的材料在整个设备工作寿命期限内要满足工艺和机械两方面的要求，既要满足使用功能，保证其对介质无污染或具有良好的耐腐蚀性能，同时还必须保证选用的材料有足够的强度、刚度、良好的可维护性和经济合理性。

8.1.1 金属材料

金属材料是给排水设备中使用最广泛的材料。金属具有良好的塑性、导电性、导热性、变形能力，其电阻率的温度系数为正。

给排水设备常用的金属材料主要有钢、铸铁等。

1. 钢

钢的分类方法有很多，可按照化学成分、质量和用途分别进行分类。

1）按化学成分分类

钢按化学成分主要分为碳钢与合金钢两大类。碳钢按其含碳量则分为低碳钢（0.25%）、中碳钢（0.3%～0.55%）、高碳钢（0.6%）；合金钢按合金元素含量分为低合金钢（合金元素总量<5%）、中合金钢（合金元素总量 5%～10%）、高合金钢（合金元素总量>10%）。

2）按质量分类

钢按硫（S）和磷（P）的含量主要分为普通钢（S 含量≤0.055%，P 含量≤0.045%）、优质钢（S、P 含量均≤0.040%）、高级优质钢（S 含量≤0.030%，P 含量≤0.035%）。

3）按用途分类

钢按用途主要分为结构钢、工具钢和特殊性能钢。结构钢一般属于低碳或中碳的碳素钢或合金钢，主要用于制造各种工程构件和机械零件。工具钢主要用来制造刀具、量具、模具等各种工具，这类钢一般属于高碳钢或高碳合金钢。特殊性能钢具有特殊的物理化学性能，可分为不锈钢、耐热钢、耐磨钢、磁钢等，这类钢一般属于高合金钢。

2. 铸铁

铸铁是含碳量大于 2.11%的铁碳合金，含有 Si、Mn 元素及 S、P 等杂质。生产中使用的铸铁含碳量一般在 2.5%～4%。铸铁抗拉强度、塑性和韧性比碳钢低。虽然铸铁的机械性能不如钢，但由于石墨的存在，其具有良好的铸造性、耐磨性、减震性和切削加工性，可采用铸造的方法加工形状相对复杂的零件。常用的铸铁有灰铸铁、可锻铸铁、球墨铸铁和合金铸铁等。

1）灰铸铁

灰铸铁是价格便宜、应用最广泛的铸铁材料。灰铸铁又称灰口铸铁，其含碳量较高（2.7%～4.0%），碳主要以片状石墨形态存在，断口呈灰色，简称灰铁。灰铸铁的抗压强度和硬度较高，接近碳素钢，拉伸强度很低、冲击韧性低，切削性能好，不能承受冲击荷载。不适于制造承受弯曲、拉伸、剪切和冲击载荷的零件。但它的耐磨性、耐蚀性较好，与其他钢材相比有优良的铸造性和减震性能，以及较小的缺口敏感性和良好的可加工性，可制造承受压应力及要求消震、耐磨的零件，如支架、阀体、泵体等。

2）可锻铸铁

可锻铸铁由白口铸铁经石墨化退火处理后获得，石墨呈团絮状分布，简称韧铁。其组织性能均匀、耐磨损、有良好的塑性和韧性，但可锻铸铁不能进行锻压加工。可锻铸铁的基体组织不同，其性能也不一样，其中黑心可锻铸铁具有较高的塑性和韧性，用于制造形状复杂且承受震动和扭转载荷的零件，如低压阀门、管接头、工具扳手等。而珠光体可锻铸铁具有较高的强度、硬度和耐磨性，常用来制造动力机械和农业机械的耐磨零件。

3）球墨铸铁

球墨铸铁将灰口铸铁铁水经球化处理后获得，析出的石墨呈球状，简称球铁。其与普通灰铸铁相比有较高的强度、较好的韧性和塑性，其综合机械性能接近于钢。其铸造性能好、成本低廉、生产方便，在工业中得到了广泛的应用。可用于制造如曲轴、连杆、主轴、中压阀门等零件。

8.1.2　无机非金属材料

无机非金属材料有很多种，种类不同，其用途与适用条件也不同，在给排水设备中应用较多的有陶瓷、玻璃、化工搪瓷和石墨。

1. 陶瓷

陶瓷是以天然矿物或人工合成的各种化合物为主要原料，经过粉碎混炼、配料、成型和煅烧制得的无机非金属固体材料。陶瓷的主要原料是取自自然界的硅酸盐矿物（如黏土、石英等），因此与玻璃、水泥、搪瓷、耐火材料等工业，同属于"硅酸盐工业"的范畴。

1）耐酸陶瓷

耐酸陶瓷又称化工陶瓷，由黏土及瘠性料、助溶剂等原料经粉碎、混合、制坯、干燥和高温焙烧后，形成表面光滑、断面致密、类似石英的材料。主要化学成分是氧化硅和氧化铝等。可耐沸腾温度下任何浓度的铬酸、96%的硫酸，沸点以下任何浓度的盐酸、乙酸、草酸等有机酸，但不耐氢氟酸、氟硅酸，耐碱性也差。拉伸强度低且性脆，故急冷、急热时易碎裂。耐酸陶瓷不适宜制作压力较高、温度波动较大、尺寸太大的设备，主要用作耐酸容器、搅拌器、泵、阀门和管道等。

2）特种陶瓷

特种陶瓷指的是具有某种特殊机械、物理或化学性能的陶瓷，如耐蚀陶瓷、高温陶瓷、压电陶瓷、磁性陶瓷、电光陶瓷和电容陶瓷等，通过化学方法制得，制品质量稳定，性能优于传统陶瓷。按化学成分分为氧化物陶瓷和非氧化物陶瓷。氧化物陶瓷熔点高于 2000℃，可以作为高耐火度结构材料；非氧化物陶瓷具有高耐火度、高硬度和高耐磨性，但是脆性较大。

2. 玻璃

玻璃是一种优良的耐腐蚀非金属材料。玻璃具有表面光滑、透明度好、价格低的特点，能保证污染条件下物料的清洁，但是玻璃耐温度急变性差、质脆、不耐冲击和震动。玻璃可用作制造容器、量器、管道、阀门、泵和金属管道的内衬等。工业上用于防腐蚀的玻璃主要是石英玻璃、硼硅酸盐玻璃、低碱无硼玻璃等。

3. 化工搪瓷

化工搪瓷是将含硅量高的耐酸瓷釉涂敷在钢铁设备的表面，经 900℃左右的高温煅烧，使其与金属形成致密的、耐腐蚀的玻璃质薄层。因此，它兼有金属设备优良的力学性能和瓷釉的耐腐蚀性能双重优点。在金属表面进行瓷釉涂搪可以防止金属生锈，使金属在受热时不至于在表面形成氧化层并且能抵抗各种液体的侵蚀。化工搪瓷具有优良的耐腐蚀性能、机械性能和电绝缘性能，表面光滑易清洗，广泛用于反应釜、塔设备、换热器和大型厌氧生物反应器等。

4. 石墨

石墨分为天然石墨和人造石墨。天然石墨含有大量的杂质，耐腐蚀性差。在防腐蚀工程中主要应用人造石墨，由于众多的空隙影响人造石墨的机械强度和加工性能，并造成腐蚀介质的渗漏，因此，通过利用各种浸渍剂或黏结剂进行浸渍、压形和浇注等加工处理制成不透性石墨。

不透性石墨具有良好的耐蚀性，呋喃树脂浸渍石墨具有优良的耐酸性和耐碱性，导热性优良，热膨胀系数小，耐温度急变性好，其不污染介质，能保证产品纯度。另外，其还具有密度低、易于加工成型的特点，但机械强度低、性脆。不透性石墨用于制造热交换器、管道、管件、塔及塔件等。

8.1.3　高分子材料

高分子材料是分子量很大的化合物构成的材料，以聚合物为基本组分，又称为聚合物材料或高聚物材料。高分子物质按来源分为天然和合成两类。合成高分子材料主要是指塑料、合成橡胶和合成纤维三大合成材料，此外还包括胶黏剂、涂料及各种功能性高分子材料。工程上把具备较好的强度、弹性和塑性等机械性能的高分子化合物称作工业用高分子化合物。合成高分子材料具有较小的密度、较高的力学性、耐磨性、耐腐蚀性、电绝缘性等特点。

1. 塑料

塑料是指以聚合物为主要成分，在一定条件（温度、压力等）下可塑成一定形状并且在常温下保持其形状不变的材料。塑料的性能取决于树脂，可以通过加入添加剂来对塑料进行改性。

工程上常用的塑料主要包括聚烯烃、聚氯乙烯、聚苯乙烯（PS）等。塑料的性能及适用条件与用途见表 8-1。

表 8-1　塑料的性能及适用条件与用途

名称	特性	应用举例
硬质聚氯乙烯	机械强度高，化学稳定性及介电性能优良，耐油性和抗老化性也较好，易熔接及黏合，价格较低。缺点是使用温度低，线膨胀系数大，成型加工性不良	可用于制作工业废气的排污排毒塔，流体输送管道，给排水系统、槽、罐等
软质聚氯乙烯	拉伸强度、抗弯强度及冲击韧性均较硬质聚氯乙烯低，但破裂延伸率较高。质柔软，耐摩擦、挠曲，弹性良好，吸水性低，易加工成型，化学稳定性较强，能制各种鲜艳而透明的制品	通常制成管、棒、薄板、薄膜、耐寒管、耐酸碱软管等半成品，供作绝缘包皮、套管，耐腐蚀材料
聚乙烯	具有优良的介电性能，耐冲击、耐水性好，化学稳定性高，使用温度可达 $80 \sim 100℃$，摩擦性能和耐寒性良好。缺点是机械强度不高，质柔软，成型收缩率大	用作耐腐蚀的管道、阀、泵的结构零件，也可喷涂于金属表面，作为耐磨、减磨及防腐蚀涂层
聚甲基丙烯酸甲酯（有机玻璃）	透明度高，透光率达 92%，机械强度较高，耐腐蚀，绝缘性能良好，易于成型。缺点是质较脆，易溶于有机溶剂中，表面硬度不够，易擦毛	可作要求有一定强度的透明结构零件，如防护罩、油杯、仪表零件等。此外，还可用于制造水工艺工程的小型实验装置
聚丙烯	最轻的塑料之一，其强度、刚度和表面硬度较大，有优良的化学稳定性和耐热性能，不易变形，稳定，易成型	主要用于环保和化工设备及受热的电气绝缘零件，如泵叶轮、管道、化工容器等

2. 橡胶

橡胶是一类具有高弹性的高分子材料，在外力的作用下很容易发生极大的变形,当除去外力后,又恢复到原来的状态,并在一定的温度下具有优异的弹性,所以又称高弹性体。它还有较好的抗撕性、耐疲劳特性,在使用中经多次弯曲、拉伸、剪切和压缩,不受损伤,并具有不透水、不透气、耐酸碱和绝缘等特性,使得橡胶能广泛应用于设备和机械的密封、金属设备的衬里或复合衬里中的防渗层、防腐蚀、减震、耐磨等方面。

橡胶分为天然橡胶和合成橡胶两大类。天然橡胶的力学性能较差,可通过硫化处理改善其性能。根据硫化程度的高低分为软橡胶和硬橡胶。软橡胶的耐腐蚀性能和抗渗性能不如硬橡胶;硬橡胶具有较好的化学稳定性、耐热性和较好的机械强度,但耐冲击性能不如软橡胶。在给排水设备防腐处理中,软橡胶主要用作各种设备的衬里;硬橡胶则可制成整套设备,如泵、管道、阀门等。

合成橡胶的主要原料是石油、煤和天然气。加入增塑剂、填料和硬化剂可得到具有弹性、耐热性、耐蚀性等不同性能的合成橡胶。合成橡胶可用作设备防腐衬里、耐热运输带、密封垫片等。

8.1.4 材料的腐蚀和防腐

腐蚀是指材料与它所处环境介质之间发生作用而引起材料的变质和破坏。最常见的是金属材料的腐蚀问题,如铁生锈、铜出现铜绿(绿锈)、铝生白斑等。各种非金属材料,如陶瓷、玻璃、塑料、混凝土等也存在着腐蚀问题,如塑料被介质溶解、在空气中老化,玻璃和陶瓷被侵蚀,混凝土风化等。

给排水设备被腐蚀将造成严重的后果,不仅会带来巨大的经济损失,还会引起设备事故,影响生产的连续性,提高处理成本,影响处理效果等。因此,给排水设备的腐蚀与防腐问题必须认真对待。

1. 金属的化学腐蚀

金属的化学腐蚀是指金属与环境介质发生化学作用,生成金属化合物并使材料性能退化的现象。在这种化学反应中金属的氧化和环境介质的还原是同时发生的,它们之间的电子交换是直接进行的。它的特点是腐蚀发生在金属的表面,腐蚀过程中没有电流产生,在金属表面生成腐蚀产物。

化学腐蚀的范围很广,包括干燥气体介质的腐蚀(氧化、硫化、卤化、氢蚀等)、液体介质的腐蚀(非电解质溶液的腐蚀、液态金属的腐蚀、低熔点氧化物的腐蚀等)等。

2. 金属的电化学腐蚀

金属与电解质溶液间产生电化学作用所发生的腐蚀称为电化学腐蚀。它的特点是在腐蚀过程中有电流产生。在电解质溶液中水分子的作用下，金属本身呈离子化，当金属离子与水分子的结合能力大于金属离子与其电子的结合能力时，一部分金属离子就从金属表面转移到电解液中，形成了电化学腐蚀。金属在各种酸、碱、盐溶液、土壤和工业用水中的腐蚀都属于电化学腐蚀。

3. 非金属材料的腐蚀

非金属材料的腐蚀指的是非金属材料与环境介质作用，性能发生蜕化，甚至完全丧失使用功能的现象。与金属材料不同，非金属材料的腐蚀主要是由物理作用和化学作用引起的，还有微生物作用引起的腐蚀和应力腐蚀。无机非金属材料如硅酸盐搪瓷的腐蚀，实质上是搪瓷釉的腐蚀。硅酸盐搪瓷釉的主要成分是 SiO_2，当搪瓷釉置于碱、氢氟酸、高温磷酸等介质中时，它们能直接与搪瓷釉中的 SiO_2 发生反应，使硅氧四面体的结构遭到破坏。

有机非金属材料（高分子材料）的腐蚀过程主要是物理的或化学的作用。高分子材料的物理腐蚀就是其在介质中的溶解。高分子材料的化学腐蚀包括高分子在酸、碱、盐等介质中的水解反应，在空气中发生的氧化反应（由于氢、臭氧等作用），以及侧基的取代反应和交联反应等。

4. 材料的防腐

为了防止给排水设备的腐蚀，除了选择合适的耐腐蚀材料制造设备外，还可以采用多种措施对设备进行防腐处理。

1）衬覆保护层

在金属表面生成一个保护性覆盖层，可以使金属与腐蚀介质隔开，是防止金属腐蚀普遍采用的方法。保护性覆盖层分为金属镀层和非金属涂层两大类。金属镀层用耐蚀金属覆盖在不耐蚀金属表面，形成金属保护层。大多数金属镀层采用电镀或热镀的方法制备，常见的其他方法还有喷镀法、渗镀法、化学镀等。非金属涂层大多数是隔离性涂层，作用是把被保护金属与腐蚀介质隔开。非金属涂层可分为无机涂层和有机涂层。

2）电化学保护

根据金属腐蚀的电化学原理，如果把处于电解质溶液中的某些金属的电位提高，金属钝化，人为地使金属表面生成难溶而致密的氧化膜，即可降低金属的腐蚀速度；同样，如果使某些金属的电位降低，金属难于失去电子，也可大大降低金属的腐蚀速度，甚至使金属的腐蚀完全停止。这种通过改变金属-电解质的电极电位来控制金属腐蚀的方法称为电化学保护。

3）腐蚀介质的处理

在对金属进行防腐处理时，还可以通过改变介质的性质降低或消除对金属的腐蚀作用。例如，加入能减慢腐蚀速度的物质——缓蚀剂。所谓的缓蚀剂就是能够阻止或减缓金属在环境介质中腐蚀的物质。加入的缓蚀剂不应影响处理工艺过程的进行，也不应影响处理效果。一种缓蚀剂对各种介质的效果是不一样的，对某种介质能起缓蚀作用，对其他介质则可能无效，甚至是有害的，因此，需严格选择合适的缓蚀剂。选择缓蚀剂的种类和用量，需根据设备所处的具体操作条件通过试验来确定。缓蚀剂包括重铬酸盐、过氧化氢、磷酸盐、亚硫酸钠、硫酸锌、硫酸氢钙等无机缓蚀剂及有机胶体、氨基酸、酮类、醛类等有机缓蚀剂。

8.2　设备的分类

给排水设备是给排水工程的重要组成部分，近几年国外设备的引进推动了我国给排水工程设备的发展。随着给排水工程的发展，设备的种类越来越多，根据设备功能、工艺系统的组成和不同的专业方向，给排水设备有几种不同的分类方法，通常按照设备功能来进行分类，主要分为通用设备、专用设备和一体化设备三大类[1]（表8-2）。

表8-2　给排水工程常用设备分类

类别	给排水工程常用设备
通用设备	阀门类：闸门、阀门、蝶阀、球阀、止回阀、减压阀等
	水泵类：清水泵、污水泵、螺杆泵、计量泵等
	风机类：鼓风机、压缩机
专用设备	物化处理设备：拦污设备、除砂设备、搅拌设备、投药消毒设备、膜处理设备等
	生化处理设备：曝气设备、生物转盘设备等
一体化设备	小型一体化净水设备
	小型一体化污水处理设备

8.2.1　通用设备

通用设备是指除水工艺与工程以外其他行业也应用的设备，如水泵、阀门等。通用设备均是标准化、系列化设备[2]，其分类见表8-3。

表 8-3　给排水常见通用设备分类

序号	分类		常用设备
1	水泵	叶片式泵	离心泵、轴流泵、混流泵、潜水泵、旋涡泵
		容积式泵	往复泵、回转泵
		真空泵	水环式真空泵、往复式真空泵、罗茨真空泵
		其他类型水泵	射流泵、水锤泵、气升泵
2	风机		压缩机、鼓风机、通风机
3	起重设备	起重葫芦	手动单轨小车、电动葫芦
		起重机	手动起重机、电动起重机
4	计量设备		计量泵、水表、流量计
5	减速机械设备		蜗轮蜗杆减速机、摆线针减速机
6	阀门及启闭机	阀门	手动闸门、液动闸门、电动闸门
		启闭机	手动启闭机、电动启闭机
7	阀门及驱动装置	阀门	截止阀、闸阀、蝶阀、球阀、止回阀、安全阀
		驱动装置	电动驱动装置、水压驱动装置、气压驱动装置、油压驱动装置
8	水锤消除设备		多功能水泵控制阀、水锤消除器、调压塔

1. 水泵

水泵是最常用的通用设备。水泵是一种能量转换的机械装置，它把动力机的机械能或其他能源形式的能量转换为水流本身的动能和势能，传递给流体。给水工程中卧式离心泵用得较多，排水工程中潜水泵和轴流泵用得较多。

按照作用于液体的原理，水泵可分为叶片式和容积式两大类。

叶片式泵是由泵内的叶片在旋转时产生的离心力将液体吸入和压出。叶片式泵又因泵内叶片结构形式不同分为离心泵、轴流泵和旋涡泵等。在城镇污水处理工程中，大量使用的水泵是叶片式水泵，其中以离心泵最为普遍。叶片式泵具有效率高、启动迅速、工作稳定、性能可靠、容易调节等优点。

容积式泵是由泵的活塞或转子往复或旋转运动产生挤压作用将液体吸入和压出。一般使工作容积改变的方式有往复运动和旋转运动两种，因此，容积式泵分为往复泵和回转泵两类。

2. 风机

风机是我国对气体压缩和气体输送机械的习惯简称。通常所说的风机一般包括通风机、鼓风机、压缩机。

气体压缩和气体输送机械是把旋转的机械能转换为气体压缩能和动能，并将气体输送出去的机械。按气体出口压力（或升压）分为通风机（其在大气压为

0.101MPa、气温为 20℃时，出口全压值低于 0.015MPa）、鼓风机（其出口压力为 0.115～0.35MPa）、压缩机（其出口压力大于 0.35MPa）三类。

鼓风机在水处理工艺中主要用于生物处理法的供氧。鼓风机有容积式和离心式两种，在给排水工程中使用广泛的有罗茨鼓风机和离心式鼓风机等。

（1）罗茨鼓风机属于容积回转式鼓风机，它最大的特点是，在最高设计压力范围内，管网阻力变化时，其流量变化较小，故通常用于流量要求稳定，而阻力变化幅度较大的工作场合。罗茨鼓风机具有结构简单、维修方便、压力的选择范围宽、强制输气、输送介质不含油、使用寿命长、整机震动小的特点。

（2）离心式鼓风机是一种叶片式气体压缩机，与定容式鼓风机相比，具有空气动力性能稳定、震动小、噪声低的特点。离心式鼓风机分为多级低速、多级高速和单级高速等形式。离心式鼓风机运行时，气流沿轴向进入叶轮，然后在叶片驱动下，一方面随叶轮转动，另一方面在惯性离心力的作用下提高能量沿半径方向离开叶轮；在结构上，多级高速和多级低速离心式鼓风机在电动机直接驱动下，通过多级叶轮串联的方式逐级增压，单级高速离心式鼓风机需通过增速机构传动的方式提高风压。在实际处理中使用的离心式鼓风机压力在 9800Pa 以下。

3. 阀门

阀门是管道的附件，用来控制流体流量、压力、流向。被控制的流体可以是液体、气体、气液混合体或固液混合体。

1）截止阀

截止阀是一种常用的截断阀，用来接通或截断管路中的介质，调节流量。按介质流向，分直通式、直流式和直角式。在直通式或直流式截止阀中，阀体流道与主流道成一斜线，这样的流动状态对阀体的破坏程度比常规截止阀要小。在直角式截止阀中，流体只需改变一次方向，通过此阀门的压力降比常规结构的截止阀小。

截止阀调节性能好，结构简单，制造与维修方便，但调节性能较差。不宜用于黏度大、含有颗粒易沉淀的介质，也不宜用作放空阀及低真空系统的阀门。

2）止回阀

止回阀又称为逆流阀、逆止阀、背压阀、单向阀，靠管路中介质本身的流动产生的力而自动开启和关闭，属于自动阀门的一种。在管路系统中，止回阀的主要作用是防止介质倒流而造成泵及其驱动电机反转，防止容器内介质的泄放。

止回阀按结构可分为升降式和旋启式两种。升降式止回阀较旋启式止回阀的密封性好，流体阻力大。止回阀一般适用于清净介质，不宜用于含固体颗粒和黏度较大的介质。

3）闸阀

闸阀是阀杆带动关闭件，沿通路中心线的垂直方向上下移动而达到启闭目的的阀门。按阀杆上螺纹位置分为明杆式和暗杆式两类。闸阀是使用范围很广的一种阀门，密封性能较截止阀好，流体阻力小。缺点是结构复杂，密封面易磨损，不易修理。一般 DN≥50mm 的切断装置都选用，有时口径很小的切断装置也选用，但不适合用于调节或节流。

在平行式闸阀中，以带推力楔块的结构最为常见，即在两闸板中间有双面推力楔块，也有在两闸板间带有弹簧的，弹簧能产生张紧力，有利于闸板密封。

4）蝶阀

蝶阀是以圆形蝶板作启闭件，绕固定阀杆转动的阀门，用于截断、接通、调节管路中的介质，具有良好的流体控制特性和关闭密封性能。蝶阀的蝶板安装于管道的直径方向。在蝶阀阀体圆柱形通道内，圆形蝶板绕着轴线旋转，以 0～90°为旋转角，当旋转到 90°时，阀门呈全开状态。根据阀板形式，蝶阀可分为中心对称板式、偏置板式、斜置板式；根据连接形式有对夹式蝶阀、法兰式蝶阀、对焊式蝶阀三种。

蝶阀具有结构简单、体积小、质量轻、材料耗用省、安装尺寸小、开关迅速等特点。应用较多的对夹式蝶阀有 D71X 型手柄传动对夹式蝶阀、D37X 型蜗轮传动对夹式蝶阀和 D971X 型电动对夹式蝶阀三种。蝶阀处于完全开启位置时，蝶板厚度是介质流经阀体时唯一的阻力，因此通过阀门所产生的压力降低，具有较好的流量控制特性。

8.2.2　专用设备

专用设备是指承担给排水工程中某一特定任务的设备，如拦污设备只承担拦截固体污、废物的任务等。给排水专用设备类型较多，可分为物化处理设备和生化处理设备[3]。

1. 拦污设备

城镇自来水厂、污水处理厂，雨水、污水中途加压泵站，工矿企业的给水、排水，医院、饭店、旅社、居住小区等水处理系统的进水口，为截除水体中的粗大漂浮物如树枝、杂草、碎木、塑料制品废弃物和生活垃圾等杂质，均需安装一道或两道格栅拦污设备，以达到保护机泵安全运行、减轻后续工序负荷的目的。

格栅由一组平行的金属栅条或筛网制成。被截留的杂质称为栅渣。格栅是最常用的拦污设备，通常置于进水渠道上或泵站集水池的进口处，用来去除污水中较大的悬浮或漂浮物。根据格栅形状，格栅可分为平面格栅和曲面格栅两种；根据清渣的方式，格栅可以分为人工清渣与机械清渣两种，目前基本上采用机械清渣的方式。

2. 排泥、除砂设备

1）排泥设备

排泥设备用于排除沉积在沉淀池池底的积泥。排出的泥可进行脱水处理或者部分回流，在条件允许时，还可以直接排入水体。排泥设备主要分为刮泥机和吸泥机两类。

刮泥机是将沉淀池中的污泥刮到一个集中部位而后排出，是利用机械传动收集底泥的专用排泥机械，通常用于污水处理厂的初沉池排泥。按照传动方式，刮泥机可分为中心传动式刮泥机和周边传动式刮泥机等类型。中心传动式刮泥机主要用于小池径圆形沉淀池的排泥。周边传动式刮泥机主要用于辐流式沉淀池和浓缩池的排泥。

吸泥机是将沉淀于池底的污泥吸出的机械设备，是利用压力差收集底泥的专用排泥机械，用于自来水厂沉淀池和污水处理厂二沉池。常用的吸泥机有中心传动式吸泥机和周边传动式吸泥机，中心传动式吸泥机适用于小直径的沉淀池。周边传动式吸泥机多用于辐流式二沉池，水流扰动极小时，排泥效果好。

2）除砂设备

除砂设备用于沉砂池的底部除砂，去除水中密度较大的砂、石等无机大颗粒。集砂方式有两种：刮砂型和吸砂型。

刮砂型是将刮板置于缓慢行走的桁车上，用刮板将沉积在池底的砂粒刮集至池中心或池边的坑、沟内，再清洗提升。脱水后沉砂输送到池外盛砂容器内，进行外运处理。

吸砂型由行走装置、桁车大梁、吸砂泵组成。在缓慢行走的桁车上装有吸砂泵，用吸砂泵将池底的砂水混合液抽至池外，经脱水后的砂粒送至盛砂容器内，待外运处置。

3. 撇油、撇渣设备

撇油、撇渣设备一般用于气浮池或沉淀池中的浮渣、油污、泡沫等物质的去除。它利用刮板将漂浮在水面上的污泥和油污等物质刮至排渣（油）槽内，以此达到撇油、撇渣的目的，设备一般采用钢制。按运行方式可分为桁车式刮渣（油）

机和回转式刮渣（油）机。

桁车式刮渣（油）机用于平流式沉淀池和气浮池中沉渣、浮油的去除，其运行方式为往复运动，维护方便，工作效率高，但故障率较高。回转式刮渣（油）机用于辐流式隔油池和沉淀池的浮渣与浮油的去除。其运转形式为回转运动，回转式刮渣（油）机结构简单，故障率低。

4. 污泥浓缩脱水设备

1）浓缩设备

水处理系统产生的污泥具有体积大、含水率高的特征，给输送、处理或处置都带来了极大的不便，因此需要对污泥进行浓缩处理，浓缩可以降低污泥含水率、减小污泥的体积。污泥浓缩设备是通过对污泥缓速搅拌，促使夹在污泥中的水和空气外逸，达到浓缩污泥的目的。污泥浓缩机是进行污泥浓缩的专用设备。常用的污泥浓缩机有周边传动浓缩机、中心传动浓缩机和带式浓缩机。

2）脱水设备

污泥经浓缩后，含水率仍有 95%~97%，体积仍很大。为了综合利用和最终处置，还需对污泥做脱水处理。脱水以过滤介质两面的压力差作为推动力，使污泥中水分被强制通过过滤介质，形成滤液，而固体颗粒被截留在介质上，形成滤饼，从而达到脱水的目的。污泥机械脱水可分为真空吸滤法和压滤法两种。常用污泥脱水设备有真空过滤机、板框压滤机、带式压滤机及转筒式离心机等。

5. 搅拌设备

搅拌设备是给排水工程中常用的设备，主要用于药剂溶解、稀释和溶液混合等，也用于机械混合池和机械絮凝池的混合和絮凝。搅拌设备包括传动装置、搅拌轴、搅拌器等。根据搅拌方式分为机械搅拌设备、气体搅拌设备、水力搅拌设备和磁力搅拌设备。最常见的是机械搅拌设备，一般采用钢制或不锈钢制造。

6. 气浮设备

气浮设备是向水中加入压缩空气，产生微小的气泡，以其为载体，杂质颗粒黏附在载体上，形成密度小于水的浮体，从而实现固液分离的水处理设备。按产生气泡的方式不同，气浮设备可分为微孔布气气浮设备、压力溶气气浮设备和电解气浮设备等多种类型。

1）微孔布气气浮设备

微孔布气气浮设备利用机械剪切力，将混合于水中的空气粉碎成微小气泡，从而进行气浮处理的设备。根据粉碎方法的不同，又可分为水泵吸水管吸气气浮、射流气浮、扩散曝气气浮和叶轮气浮四种。适用于处理水量不大，而污染物浓度高的废水。

2）压力溶气气浮设备

压力溶气气浮设备可分为加压溶气气浮设备和溶气真空气浮设备两种类型。加压溶气气浮设备应用广泛。空气在加压条件下溶于水中，再使压力降至常压，把溶解的过饱和空气以微气泡的形式释放出来，这就是加压溶气气浮。

3）电解气浮设备

电解气浮设备利用不溶性阳极和阴极直接电解废水，产生的氢和氧的微小气泡将颗粒状的悬浮物带至水面，以此达到固液分离的目的。电解气浮设备去除污染物的范围广，对有机废水不仅有物理去除效果，还具有氧化、脱色和杀菌作用。但电能消耗较大，运行费用较高。

7. 过滤设备

过滤设备是用压力或重力将水通过具有一定孔隙的粒状滤料层，依靠机械筛滤、接触絮凝作用，分离水中悬浮物的水处理设备。过滤设备有以下几种。

（1）压力过滤器是钢制压力容器，内装粒状滤料及进水和配水系统。容器外设置各种管道和阀门等。滤料可为单层滤料、双层滤料或多层滤料。在小型处理工艺中有广泛的应用。

（2）纤维过滤器主要由配水系统、排水系统和反冲洗系统等组成。其过滤介质为纤维丝，广泛用于生活和各类工艺用水。其具有滤速快、处理水量大等优点，适用于去除水中的纤维状悬浮物。

（3）滚筒式过滤器通过旋转滤筒截留水中的悬浮物，一般用于去除水中细小颗粒和纤维类悬浮物。其特点是结构简单，可连续运行，自动排渣。

8. 膜处理设备

膜处理是指在某种推动力作用下，利用特定膜的透过性能，达到分离水中离子或分子及某些微粒的目的。根据膜的功能，可分为离子交换膜、反渗透膜、超滤膜、微滤膜、纳滤膜和气体渗透膜。常用的膜处理设备有电渗析装置、反渗透装置、超滤装置和微孔膜过滤装置等。

（1）电渗析是一种膜过程，在电场推动力下，利用离子交换膜的选择透过性，进行膜分离的方法。电渗析装置由离子交换膜、隔板、极板和夹具等组成。

（2）反渗透装置是以膜两侧静压差为动力，截留离子类物质的分离装置。可截留去除水中 99% 以上的溶解性物质。反渗透装置主要由反渗透元件、水泵、配电装置及连接管道等组成，广泛应用于工业废水和城市污水处理及纯水的制备。

（3）超滤装置中超滤膜孔径较反渗透大，可去除水中悬浮物、胶体、细菌及部分大分子有机物。设备运行压力较低，广泛应用于工业用水的初级纯化，工业废水处理，饮料、饮用水处理及医疗、医药用水处理等。

（4）微孔膜过滤装置主要由滤器罐体、滤芯、滤芯插座及管线等组成。一般用于去除水中的大颗粒悬浮物，广泛用于自来水厂的原水过滤、工业给水预处理和废水处理等。

9. 投药设备

在给排水工程中，需要投加适量的处理药剂以增强水中杂质的去除效果。药剂是自来水厂和污水厂的主要消耗品，投加设备的优劣直接关系到水质、药耗和运行经济。投药方式可分为湿投和干投。湿投设备由溶药罐、搅拌系统、计量泵组成，用于水处理工艺中絮凝剂、助凝剂等的投加，药液通过计量泵送至投药点。干投装置依靠电机驱动螺旋杆定量投加，设备主要由螺旋给料器、料斗和手动或自动控制单元组成，用于水处理工艺中干粉化学品的投加。

10. 消毒设备

消毒主要是为了杀死水中的病原微生物，脱色除臭，防止水污染的发生。消毒设备主要用于自来水及污水的消毒，也常常用于有机工业废水的氧化处理。目前常用的消毒设备有加氯机、臭氧发生器、二氧化氯发生器和紫外线消毒器等。

11. 鼓风曝气设备

鼓风曝气设备由空气压缩机、空气扩散装置和相关管道组成。空气压缩机将带有一定压力的气体通过空气扩散器，将空气以微小气泡的形式扩散至曝气池中，使气泡中的氧转移到混合液中。与此同时，气泡在混合液中的强烈扩散、搅动，使泥水充分混合，最后在液面处破裂，氧气向混合液中转移。

空气扩散器主要分为微孔曝气器、中气泡曝气器、水力剪切曝气器和水力冲击曝气器等。微孔曝气器常用多孔性材料，如陶粒、粗瓷等掺以适当的黏合剂，在高温下烧结成为扩散板、扩散管及扩散罩的形式。微孔曝气器的主要特点是产生的气泡微小，气、液接触面大，氧利用率高，因而应用广泛。

12. 机械曝气设备

机械曝气是利用安装在水面的叶轮的高速旋转,强烈地搅动水面,造成水与空气接触表面流动更新,空气中的氧转移到水中。此外,叶轮旋转产生负压区并形成水跃,可达到充氧与混合的效果。按照曝气器传动轴的安装方式,机械曝气器可分为竖轴(纵轴)式机械曝气器和卧轴(横轴)式机械曝气器两类。

竖轴式机械曝气器又称竖轴叶轮曝气机,在我国应用比较广泛,常用的有泵型、K 型、倒伞型和平板型等。目前应用较多的卧轴式机械曝气器主要有转刷曝气器和转盘曝气器两种。转刷曝气器由水平转轴和固定在轴上的叶片所组成,转轴带动叶片转动,搅动水面形成水花,空气中的氧通过气液界面转移到水中。这种曝气器具有负荷调节方便、维护管理简单、动力效率高等优点,主要用于氧化沟工艺[4]。

给排水常用的专用设备及分类见表 8-4。

表 8-4　给排水常用的专用设备及分类表

序号	类别		常用设备
1	拦污设备		格栅、筛网、除毛机
2	除污、排泥、排砂设备	排泥及排砂设备	刮泥机、吸泥机、除砂机
		撇油、撇渣设备	刮渣机
3	污泥浓缩脱水设备	污泥浓缩设备	重力式污泥浓缩机、带式浓缩机
		污泥脱水设备	压滤机、脱水机
4	搅拌设备		溶药搅拌设备、管式静态混合器、水力搅拌设备
5	曝气设备	鼓风曝气设备	微孔曝气器、穿孔管、动态曝气器
		机械曝气设备	叶轮曝气器、转刷曝气器
6	气浮设备		压力溶气气浮设备、微孔布气气浮设备、电解气浮设备
7	离心分离设备		离心机、水力旋流器
8	生物转盘		金属生物转盘、塑料生物转盘
9	过滤设备		滚筒式过滤器、压力过滤器、纤维过滤器
10	膜分离设备		反渗透装置、超滤装置、微滤装置、电渗析装置
11	投药设备		溶液投加器、水质稳定加药装置、自动加矾控制装置
12	消毒设备		加氯机、臭氧发生器、紫外线消毒器

8.2.3　一体化设备

一体化设备是指完成整个工艺过程的设备,是工艺技术、通用设备、专业设备、仪器、仪表、器材等的高度集成[5]。

1. 小型一体化净水设备

以地面水为水源,将混凝、沉淀、过滤三个净化单元合理地组合于同一设备内,再配以加药、消毒即可成为一个完整的小型一体化净水设备,用于水量较小,远离城市供水系统以外的区域。一体化净水设备一般为钢制,平面形状可为矩形、椭圆形或圆形,高度取决于工艺布置,通常没有固定规格,水处理量决定其尺寸大小。原水进入小型一体化净水设备处理后,原水、化学药剂和活性泥渣在絮凝区形成矾花,在滤层中被截留而分离,清水由净水器输出,泥渣经浓缩后运走。

2. 小型一体化污水处理设备

小型一体化污水处理设备多用于生活污水的处理。小型一体化污水处理设备是指集污水处理工艺于一体,包括预处理、生物处理、沉淀、消毒等环节的生活污水处理装置。它适用于污水量较少,分散广、市政管网收集难度高的生活污水和与之类似的有机工业废水的处理,具有经济、实用、占地小、操作方便等特点,小型一体化污水处理设备主要有以下 3 种。

1)间歇式一体化装置

间歇式一体化装置采用 SBR 工艺,将进水、反应、沉淀、排水和闲置排泥五个工序依次在一个 SBR 反应池中周期性进行,过程全自动操作。该装置具有耐冲击负荷、运行可靠、运行费用低、能除磷脱氮等特点,适用于处理生活污水和其他类似的有机废水。间歇式一体化装置为钢制,平面形状呈方形。

2)地埋式污水处理一体化设备

地埋式污水处理一体化设备是以 A/O 生化工艺为主,将生物降解、污水沉降、氧化消毒等工艺集于一体的污水处理设备。该一体化设备结构紧凑、占地面积少,设备都位于地下,处理效率高,运行费用较低,维修方便。适用于住宅小区、疗养院、写字楼、学校、部队、牲畜加工厂、乳品加工厂等生活污水和类似的纺织、造纸、啤酒、制革等行业的工业有机废水处理。

3)压力式污水处理一体化设备

压力式污水处理一体化设备将污水调节池、生物反应池、沉淀池及消毒系统集中在一个设备中。装置为钢制容器,平面形状呈长方形。该一体化设备高度集成,污水处理效果好,在实际中应用广泛。

参 考 文 献

[1] 黄廷林. 水工艺设备基础. 北京: 中国建筑工业出版社, 2001.
[2] 史惠祥. 实用水处理设备手册. 北京: 化学工业出版社, 2000.
[3] 蒋克彬. 水处理工程常用设备与工艺. 北京: 中国石化出版社, 2010.
[4] 张大群. 给水排水常用设备手册. 北京: 机械工业出版社, 2008.
[5] 黄敬文. 城市给排水工程. 郑州: 黄河水利出版社, 2008.

第9章　给排水工艺过程检测及控制概述

在给排水工程中，操作人员需要掌握各处理单元的运行状况，才能使工艺系统安全可靠地、高质量和高效率地运行。否则，难以对工艺过程实行有效控制。工艺过程检测能很好地反映各处理单元的运行情况。

给排水工艺过程检测分为 3 个部分：水质检测、工艺参数检测、工艺设备运行参数检测。各个时期检测技术的水平反映了水工艺过程的控制水平。

9.1　水　质　检　测

水质检测是为水处理工艺过程的控制提供依据，并保证处理后的水质达到预期的要求和规定的水质标准，并掌握水处理设备的运行状况。水质检测结果不但在水处理工艺过程的控制方面，而且在水环境评价、水处理工艺设计、污水资源化利用、选择水处理设备等方面，都是不可或缺的重要参数。

1. 水质检测项目

水质检测项目随着水源水质污染、科学技术的发展及当代对水质要求的提高而不断完善和逐渐增加。具体的水质检测项目应根据水质状况和水质标准来确定。对于生活用水，应根据国家颁布的《生活饮用水卫生标准》（GB 5749—2006），主要测定对人体健康和生活使用过程中有影响的物质；对于工业用水，应根据不同工业用水的标准，测定对产品质量和生产过程有影响的物质；对于生活污水和工业废水，应根据国家规定的污（废）水排放和污（废）水种类，测定对水环境质量有影响的物质。

在水质检测项目中，有些是直接测定某一具体物质的含量，如水中铁、锰、锌、四氯化碳、三氯乙烯等；有些是测定能直接或间接反映某种水质特性的替代参数（或综合参数），如水的浑浊度、色度、总溶解性固体等。在水处理中，替代参数应用比较广泛，它具有检测方便，能综合反映水的某种物理、化学或生物学特性的优点。

主要水质替代参数及其主要替代对象见表 9-1。

上述替代参数中，有些替代参数虽然反映的是同一类物质的含量，但由于测定方法不同或采用的试剂不同，所得的测定值和具体物质也有所不同。如 COD、

表 9-1   主要水质替代参数及其主要替代对象说明

替代参数名称	主要替代对象说明
浑浊度	反映水中悬浮物和胶体含量
色度	反映水中发色物质含量（包括无机物和有机物）
嗅和味	反映水中产生嗅和味的物质含量
pH	反映水的酸、碱性程度
电阻率	反映水中溶解离子的含量
电导率	反映水中溶解离子的含量，是电阻率的倒数
硬度	主要反映水中钙、镁离子的含量
碱度	主要反映水中重碳酸盐、碳酸盐和氢氧化物含量
总溶解性固体（TDS）	表明水中全部溶解性无机离子总量
生化需氧量（BOD）	主要反映水中可生物降解的有机物含量
化学需氧量（COD）	反映水中可化学氧化的有机物含量
总有机碳（TOC）	反映水中含碳有机物总量
紫外线吸收值（UV_{254}）	反映水中有机物含量，与 TOC 有一定相关性
总需氧量（TOD）	反映水中需氧有机物和还原性无机物含量
总大肠杆菌群	反映水中病原菌存在状况

BOD 和 UV_{254}，虽然均可反映水中有机物的含量，但 BOD 反映的是可生物降解部分的有机物含量；UV_{254} 主要反映在紫外区有强烈吸收的有机物（如芳香烃类）含量；COD 反映可被 $KMnO_4$ 或 $K_2Cr_2O_7$ 氧化的有机物含量，同时在测定时因受到能被 $KMnO_4$ 或 $K_2Cr_2O_7$ 氧化的部分无机物的干扰，COD 值一般高于 BOD 值。

2. 水质检测方法分类

水质检测方法分为化学检测法、仪器检测法、生物检测法三大类。

根据水质特点，被测物质种类、含量，检测精度要求及使用条件等而使用不同的检测方法。通常情况下，一种检测方法可测定水中多种物质，同样，检测水中某一种物质也可采用不同的方法。随着科学技术的发展，仪器检测法发展迅速，可以实现自动检测，有利于水工艺过程的自动控制。以下就水工艺中常用的水质检测方法做一简单介绍。

1）化学检测法

化学检测法是以化学反应为基础的水质检测方法。它是将水中被测物质（水样或试样中的物质）与另一种已知成分、性质和含量的物质发生化学反应，产生具有特殊性质的新物质，由此确定水中被测物质的存在及其组成、性质和含量，主要有化学滴定分析法和重量分析法，见表 9-2。

表 9-2　主要水质化学检测方法分类

水质化学检测分类	水质化学检测方法	水质化学检测分类	水质化学检测方法
化学滴定分析法	酸碱滴定法	重量分析法	气化法
	沉淀滴定法		沉淀法
	络合滴定法		电解法
	氧化还原滴定法		萃取法

化学滴定分析法又称容量分析法,将标准溶液用具有计量刻度的滴定管滴入被测水样中,同时加入合适的指示剂,当滴定剂与被测物质反应完全时,指示剂正好发生颜色变化,根据滴定剂用量和浓度可计算出被测物质的含量。重量分析法是将水中被测物质与其他物质分离后,转化为一定的称量形式,然后用称重的方法计算该物质在水样中的含量,重量分析法适用于常量分析,较为准确。

化学检测法历史悠久,操作程序标准,检测方法以手工操作为主,易于掌握,广泛用于水质常规分析项目的检测。

2）仪器检测法

仪器检测法是采用成套的物理仪器,利用水样中被测物质的物理性质或物理化学性质,来测定水中物质成分及其含量。水质仪器检测主要方法和分类见表 9-3。

表 9-3　水质仪器检测主要方法及分类

仪器检测方法分类	仪器检测方法	仪器检测方法分类	仪器检测方法
光学分析法	比色法 分光光度法 发射光谱法 火焰光度法 荧光分析法 原子吸收光谱法 比浊法	色谱分析法	气相色谱法 液相色谱法 离子色谱法
电化学分析法	电位分析法 电导分析法 库伦分析法 极谱分析法	色谱联用法	气相色谱/质谱法 液相色谱/质谱法 气相色谱/核磁共振法

光学分析法利用被测物质的光学性质,根据被测物质对电磁波的辐射、吸收、散射等性质,测定其成分和含量,是目前水工艺中常用的微量和痕量分析方法。电化学分析法是利用物质的电学性质和化学性质之间的关系来进行定量的分析方法。色谱分析法又称层析分析法,与色谱联用法一起并称为水质检测的 2 项支撑技术,并广泛用于水中有机物和无机物的测定。

根据光谱来测定水中物质的成分和含量,是给排水处理中应用最广泛的检测方法之一。采用仪器检测法,应根据水质特点,被测物质种类、含量,检测精度要求等，选择合适的检测仪器和操作方法。

3）生物检测法

水中含有多种微生物，受到人畜粪便、污水污染时，水中微生物的数量大量增加。参考世界卫生组织和很多国家的饮用水卫生标准，结合我国大量预防医学研究成果和相关检测方法的可操作性，制定了相关的常规检测项目。我国规定的微生物检测项目和检测方法见表9-4。

表9-4 我国规定的微生物检测项目和检测方法

项目分类	微生物项目	国标规定检测方法
常规检测项目	总大肠菌群	多管发酵法 滤膜法 酶底物法
	耐热大肠菌群	多管发酵法 滤膜法
	大肠埃希菌	多管发酵法 滤膜法 酶底物法
	菌落总数	平皿计数法
非常规检测项目	贾第鞭毛虫 隐孢子虫	免疫磁分离荧光抗体法 免疫磁分离荧光抗体法

总大肠菌群指标较为重要，水中含有细菌的总数与水污染状况有一定关系，但不能直接说明是否有病原微生物存在。国家《生活饮用水卫生标准》（GB 5749—2006）规定总大肠菌群不得检出，如果检出，表示水体曾受到粪便污染，有可能存在肠道病原微生物，则该水在卫生学上是不安全的。

9.2 工艺参数检测

给排水工艺参数检测是为了保证给排水工艺过程正常运行，为生产操作、运行控制及管理提供依据。给排水工艺参数检测主要包括：水力特性参数检测、气体特性参数检测及其他工艺参数检测。

1. 水力特性参数检测

流量：在水工艺系统中流量是重要的过程参数。为掌握水工艺过程运行状况，流量测定必不可少。流量的检测有以下方法：对于明渠系统有溢流堰法、巴氏槽法、文丘里计量堰法等；对于管道系统可使用计量水表、超声波流量计、电磁流量计、压差式流量计、转子流量计等。在流量的检测方式上，以前采用人工巡回监测、记录较多，自动记录较少，自动控制更少，随着自动控制技术的发展和广泛应用，流量的在线监测、记录及自动控制仪表和设备也随之普及。

流速：流速是水工艺单元过程某一位置的水力参数，一般为瞬时变化量。流速的在线检测现在较多采用超声波测速仪，机械测速装置已经逐步被淘汰，检测信号也是通过变送器传输到计算机上进行分析和处理，然后发出控制指令。

水压：水压是水工艺过程的一个重要控制参数，尤其是在水的管道输送系统中。水压检测常采用压力表显示，人工巡回检测；现在采用较多的是压力变送器。

2. 气体特性参数检测

气体流量：给排水工艺系统很多单元过程设有空气系统，如滤池的气水反冲洗系统、污水处理的曝气系统和气提系统等。在水工艺过程中对于气体流量的分配和控制至关重要，因此气体流量的检测必不可少。气体流量的检测常采用气体流量计。与水系统不同，气体流量计的形式较少，常用的有涡轮式流量变送器、超声波流量变送器等。

气压：气压是空气输送和操作系统的关键参数，也是监测风机运行的重要参数。检测气压的工具有气压表或空气压力变送器。

3. 其他工艺参数检测

沉淀池泥面（污泥浓缩池泥面等）：沉淀池或污泥浓缩池等液面下的泥面检测以前一直采用人工布点采样分析法，检测时间长，不具有实时控制价值。因此，沉淀池、污泥浓缩池等积泥情况仅仅依靠管理经验控制，具有一定的盲目性。现在采用超声波液下泥面检测仪，能在线检测液下泥面高度，使单元操作可以实行自动化控制。

絮凝效果监测：混凝剂投加量的控制与混凝效果密切相关。由于在水工艺过程中，水质、水量经常变化，要控制混凝剂量以达到最佳混凝效果，依靠人工控制投加量是无法实现的。因此，混凝效果自动检测和控制技术近年来发展较快。目前的自动检测和控制方法可分为：流动电流（SCD）检测技术、透光率脉动检测技术、显示式絮凝检测技术。

其他检测：水工艺过程的检测技术是不断发展的，一直有新的检测技术在研究和开发中，如滤料层积泥量的检测技术，膜分离过程的膜面损伤和污染状况检测技术等。检测技术的发展推动了水工艺技术的发展。

9.3　工艺设备运行参数检测

给排水工艺设备运行参数的检测可以及时反映设备的运行状态，向中央控制系统提供整个水工艺过程、设备和控制系统的控制参数和运行保护。

（1）设备运行温度监测：工艺设备的机电运行温度是否正常关系到系统的安全和可靠问题。因此，设备的运行温度应进行实时监测。监测仪表和设备为温度变送器。

（2）电流、电压过载监测：水工艺过程的电气设备运行必须实时监测，以保证运行的可靠性。监测仪表为电流、电压信号变送器。

（3）转速监测：水工艺某些单元过程的转动设备的转动速度需要进行实时监测。转速信号变送器可将转动设备运行是否正常的监测信息传输到中央控制室。

（4）设备运行和备用状态监测：水工艺系统的运行除各个单元过程实施监测之外，还必须对整个系统进行统一的监测，包括对备用系统状态的监测。

对设备运行和备用状态的监测，除上述仪器和仪表参数检测之外，还可以辅以实时图像监测、声音传输监测等。对备用系统的监测还可以实行自动交替运行的方式，也可以使运行的设备有停机保养的时间。

9.4　工艺过程控制

水工艺过程的控制系统一般由控制对象、检测单元、控制单元、执行单元几部分组成[1]。给排水过程的控制分为 2 种方式：人工控制和自动控制。

9.4.1　人工控制

早期的给排水工艺过程控制大部分都是人工控制，其依据是进出水的水质、水量、水压、水位和余氯等，也有的单元过程是凭借操作人员的经验。目前，一些早期建造的水工艺单元过程已进行自动化改造。但是由于仪表和控制技术条件的限制，一般安装自动化在线式监测较多，实现工艺单元自动控制的较少，即大多数水工艺过程实行的是人工检测或在线式监测与人工操作控制。人工检测和人工控制的方式主要分为以下 2 种。

1. 各工艺单元分别监测和控制

在对给排水工艺单元过程进行直接监测的同时，值班人员一般在现场进行操作控制。控制方式的框图见图 9-1。

图 9-1　给排水工艺单元分别监测和人工操作控制方式框图

2. 工艺过程集中监测管理与各工艺单元分散操作控制相结合

该控制方式通过计算机和数据采集系统（data processing system，DPS）对在线式检测仪表的参数进行采集处理（图 9-2）。

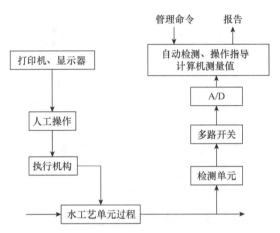

图 9-2　DPS 监视与各工艺单元人工操作控制方式框图[1]

采用这种控制方式可以通过计算机 DPS 系统积累数据，逐步获得水工艺系统运行的统计规律，建立水工艺过程的数学模型。在自动控制发展的初始阶段，该控制方式累积的操作控制数据，对于进一步进行计算机控制系统设计和调试控制程序具有重要的指导意义。

人工检测或在线式监测与计算机数据处理系统和人工操作控制结合的控制方式，实际上是水工艺过程控制技术发展的一种过渡方式。在统计资料比较完整的条件下，新建的系统基本上都采用自动控制。

9.4.2　自动控制

现代科学技术的新成就影响着水工艺过程的各个部分,各种先进的自动检测、自动控制技术设备已在各个水工艺单元以至整个水工艺系统获得不同程度的应用，并逐渐成为水工艺系统不可缺少的组成部分。现在应用于水工艺系统的自动控制技术主要分为以下几种形式[2]。

1. 直接数字控制系统

直接数字控制（direct digital control，DDC）系统由被控制对象（过程或装置）、检测仪表、执行机构（通常为阀门或泵）和计算机组成（图 9-3）。工作时采用一台计算机对多个被控参数进行巡回检测，再将检测值与设定值进行比较，并按已定的控制模型进行计算，然后将调整指令输出到执行机构，并对被控制对象进行控制，使被控制参数稳定在设定值的允许误差范围内。

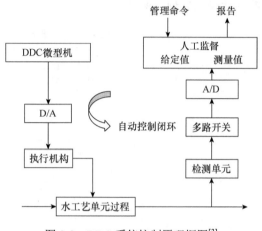

图 9-3　DDC 系统控制原理框图[3]

DDC 系统有两个特点，分别如下：由计算机参与直接控制，系统经计算机构成闭环；预先设定好设定值，并输入计算机内，在控制过程中不变化。

DDC 系统利用计算机的数据处理能力，一台计算机可以取代多个模拟调节器，比较经济。另外采用 DDC 系统不必更换硬件，只要改变程序就可以实现各种复杂的控制方案（如串级、前馈、解祸、大滞后补偿等）。因此，DDC 系统得到了广泛应用。

2. 计算机监督控制系统

计算机监督控制（supervisory computer control，SCC）系统，又称设定值控制（set point control，SPC）系统。其系统的实用结构形式分为两种：一种是 SCC+模拟调节器；另一种是 SCC+DDC 控制系统。

SCC 系统在运行状态下，通过计算机监督系统不断检测被控制对象的参数，并根据给定的工艺参数、管理指令和控制模型计算出最优设定值，同时输出到模拟调节器或 DDC 计算机控制单元过程，从而使水工艺过程处于最优工作状况。

3. 分布式控制系统

分布式控制系统（distributed control system，DCS）又称为集散型控制系统。DCS 是以微型计算机为主的连接结构，主要考虑信息的存取方法、传输延迟时间、信息吞吐量、网络扩展的灵活性、可靠性与投资等因素。常见的结构形式有分级式、完全互连式、网状（部分互连式）、星状、总线式、共享存储器式、开关转换式、环形、无线电网状等。

DCS 具有控制功能和控制位置的高度分散性，监测和控制操作的高度集中性，以及系统模块化组成、设计、开发和维护简便，具有远程通信功能，系统可靠性高等特点。在给排水工艺系统中，DCS 是目前国际上最先进的控制方式。

4. IPC+PLC 控制系统

该系统是由工业计算机（IPC）和可编程序控制器（PLC）组成的分布控制系统，可实现 DCS 的初级功能。由于 IPC+PLC 系统的性能已达到 DCS 的要求，而价格比 DCS 低得多且开发方便，在目前国内给水处理自动化控制中应用比较广泛。

5. 数据采集和监控系统

数据采集和监控系统（supervisory control and data acquisition systems，SCADAS）由一个主控站（MTU）和若干个远程终端站（RTU）组成。该系统联网通信功能较强。通信方式可以采用无线、微波、同轴电缆、光缆、双绞线等，监测的点多，控制功能强。由于该系统侧重于监测和少量的控制，一般适用于被测点地域分布较广的场合，如供水管网的无线（有线）调度系统等。

9.5　给排水系统自动控制的发展

给排水工艺系统自动化控制技术硬件的加速发展为相关软件的开发提供了条件。随着给排水工艺理论的深入研究和广泛实践，许多给排水工艺系统长期积累的运行参数为水工艺系统控制理论的发展提供了依据[3]。因此，在硬件（如网络技术、远程控制技术等）发展的同时，软件系统开发也发展很快。

1. 模糊控制

模糊控制（fuzzy control）是以模糊集合论、模糊语言变量及模糊逻辑推理为基础的一种计算机数字控制。模糊控制实质上是一种非线性控制，从属于智能控制的范畴。模糊控制的一大特点是既有系统化的理论，又有大量的实际应用背景。水工艺系统模糊控制理论的应用控制程序正在发展之中，目前在控制混凝剂投加量、控制水泵的运行台数及管网的调度控制等方面，都在进行模糊控制研究。

2. 神经网络控制

神经网络控制（neuro control）是基于人类的神经网络控制的原理，能模拟人的思考方式来"思考、学习、判断"的一种控制方式。由于神经网络的智能模拟用于控制是实现控制智能化的一种重要形式，近年来获得迅速发展。

3. 自动控制的专家系统

该系统是以专家的知识和经验为基础的系统控制方式。也可以认为，专家系统是一个具有大量专门知识与经验的控制程序系统。它的开发是应用人工智能技术，根据一个或多个专家提供的知识和经验进行推理与判断，模拟专家做决策的过程来解决那些需要专家才能决定的复杂问题。在水工艺系统中发展自动控制的专家系统，是自动控制智能化的高级阶段，尚待进一步研究和开发。此外，还有多个控制方式组合的复合控制系统等。

4. 自动控制系统

自动控制系统正向多元化方向发展，各种控制单元可以通过网络联结，并通过计算机进行大范围的综合管理和调度。网络技术和硬件设备的发展为实现水工艺系统控制网络化提供了条件，使远程异地控制和管理的现代化成为可能。

参 考 文 献

[1] 崔福义, 彭永臻. 给水排水工程仪表控制. 北京: 中国建筑工业出版社, 2006.
[2] 李圭白, 蒋展鹏, 范瑾初. 给水排水科学与工程概论. 北京: 中国建筑工业出版社, 2009.
[3] 李亚峰, 杨辉, 蒋白懿. 给排水科学与工程概论. 北京: 机械工业出版社, 2015.

第10章 给排水工程施工概述

10.1 构筑物的施工

1. 土石方工程

土石方工程是给排水工程施工中的主要项目之一，土方开挖、填筑、运输等工作所需的劳动量和机械动力消耗很大，往往是影响施工进度、成本及过程质量的主要因素。包括以下内容。

1）场地平整

土石方工程的平整工作首先应按设计的要求和现场的地貌现状，进行土石方量的计算并编制土石方的平衡调配图表，然后利用施工机械进行土石方的平衡调配施工。当需要回填土时，还要注意对回填土的选择与构建，要保证回填土的密度要求。

2）土石方开挖

土石方的开挖，首先必须确定基坑边坡的适当坡度及开挖的断面形式，并计算开挖的土方量；然后选择开挖方法。开挖时有两种方法，大面积平整时常采用机械开挖；小面积场地平整时常采用人工开挖。

3）沟槽及基坑的支撑

沟槽及基坑边壁的支撑是一种防止土壁坍塌的临时性挡土结构，一般由木材、钢材等制成。是否设置支撑应该根据土质、地下水情况、槽深、槽宽、开挖方法、排水方法等因素确定。一般情况下，沟槽土质较差、深度较大而又挖成直槽时，或高地下水位、砂性土质并采用表面排水措施时，均应设置支撑。设置支撑具有减少挖土方量、减少拆迁等优点，但同时会增加材料的消耗，影响后续工作。

4）土石方爆破施工

在地下和水下工程开挖、坚硬土层或岩石的破除及在清除现场的障碍物及冻土开掘中，常采用爆破施工。进行爆破作业时，应特别注意人身、生产设备及建筑物的安全，包括爆破器材储存和运送的安全等。

2. 基础处理

在工程实际中，常遇到一些软弱土层，如土质松散、压缩性高的软土，松散沙土或未经处理的填土。在软弱地基上直接修建构筑物或敷设管道是不安全的，因此往往需要对地基进行加固处理，从而降低软弱土的压缩性，减少基础的沉降或不均匀沉降，提高基础的承载能力；改善土的透水性、动力特性等。地基处理常用的方法有：换地基土、挤密与振密、碾压与夯实和排水固结等几类。

3. 施工排水

施工排水包括排除地下自由水、地表水和雨水。在开挖基坑或沟槽时，土壤的含水层被切断，地下水会不断涌入坑内。在雨季施工时，地面水也会流入基坑内。为了保证施工能正常进行，防止边坡坍塌和地基承载力下降，必须做好施工排水的工作。施工排水的方法主要有明沟排水和人工降低地下水位两类。

4. 钢筋混凝土工程

钢筋混凝土工程由钢筋工程、模板工程及混凝土工程组成。在给排水工程施工中，钢筋混凝土工程占有很重要的地位，储水和水处理构筑物大多数是用钢筋混凝土建造的，同时，也有相当数量的管渠采用钢筋混凝土结构。

钢筋混凝土由混凝土和钢筋两部分材料组成，具有抗压、抗拉强度高的特点，适用于作为构筑物中的受力部分。混凝土具有可塑性，可在现场进行浇筑，也可以是装配式预制构件。现场进行整体浇筑的接合性好，防渗、抗震能力强，钢筋消耗量低，无需大型运输机械等，但模板材料消耗量大、劳动强度高、现场运输量大、建设周期长。

1）钢筋工程

钢筋工程是指将混凝土内部的钢筋加工、安装成型的过程。主要是按设计要求的钢筋品种、截面大小、长度、形状及数量进行钢筋的制备和安装。

2）模板工程

模板工程指在钢筋混凝土结构中，为保证浇筑的混凝土按设计要求成型并承受其荷载的模型结构施工与安装过程。模板通常由模型板和支架两部分组成。

3）混凝土工程

混凝土工程包括混凝土的制备、浇筑、运输、养护及质量检测等。混凝土是由水泥、砂、石、水组成，按照适当的比例混合，经过均匀拌制、密实成型及养护硬化而成的人造石材。

混凝土中常用的水泥是硅酸盐类水泥。水工程中也常用特种水泥，如快硬硅酸盐水泥、膨胀水泥等。混凝土施工包括混凝土组成材料的拌和、拌和物的运输、浇筑入模、密实成型及养护等施工过程，最后成为符合设计要求的结构物。

10.2　市政管道施工

市政管道施工包括给水管道系统和排水管渠系统的施工、下管、稳管、接口、质量检查与验收等程序[1]。有时，管道需穿越铁路、河流、其他障碍物等，此时应采用特殊的施工方法。

1. 给水管道施工

1）下管和稳管

当管道沟槽开挖、管道地基检查、管材与配件等工作完成后，就应开始进行下管作业。稳管是将沟槽内的管道按设计高程与平面位置稳定在地基或基础上。

2）连接

承插式铸铁管的接口分刚性和柔性两类。刚性接口常用填料为：麻-石棉水泥、麻-膨胀水泥砂浆、麻-铅、橡胶圈-膨胀水泥砂浆等；柔性接口常用橡胶圈作填料，橡胶圈的截面形状常常与管材配套。承插式的预应力钢筋混凝土管或自应力钢筋混凝土管的接口材料常为圆形橡胶圈。填塞橡胶圈时，应防止橡胶圈受损而漏水。对于无承插口的管道，常采用套环连接。钢管和塑料类管道的连接常采用焊接、法兰连接、丝口连接及各种柔性接口。

2. 排水管道施工

室外排水管渠系统一般由排水管道或排水渠道，以及各类井室组成。排水管道系统的施工类同于给水管道系统的施工，只是因为排水管道的机械强度比给水管道低，所以施工中应注意不要损坏管段，特别不要损坏管端。排水渠道通常采用砖、石、混凝土或钢筋混凝土砌筑。由于排水管（渠）道中的水流一般为重力流，因此在施工中应满足坡度要求。

排水管渠系统除了排水管（渠）道外，为保证系统正常进行，还应有检查井、跌水井、排气井、消能井、排出口等。它们一般由砖、条石、毛石、混凝土或钢筋混凝土等材料做成，其具体做法应按设计要求或标准图集规定进行。

10.3 管道防腐与防震

1. 管道的防腐

安装在地下的金属管材均会受到地下水、各种盐类、酸与碱的腐蚀，杂散电流的腐蚀，以及金属管道表面不均匀电位差的腐蚀。由于化学与电化学的作用，管道将遭受破坏；设置在地面上的管道同样受到空气等其他条件的腐蚀；预应力钢筋混凝土管铺筑在地下时，若地下水位或土壤对混凝土有腐蚀作用，也会遭受腐蚀。因此，对这些管道应采取防腐措施[2]。

防止管道腐蚀的方法主要分为覆盖式防腐处理和电化学防腐法两类。覆盖式防腐处理用于防止管道外腐蚀和内腐蚀。防止管道外腐蚀通常采用涂刷油漆、包裹沥青防腐层等方法；防止管道内腐蚀一般采用涂刷内衬材料，如水泥砂浆涂衬、聚合物改性水泥砂浆涂衬等。电化学防腐法主要采用排流法、阴极保护法等。

2. 管道的防震

在地震波的作用下，埋地管道易产生沿管轴方向及垂直于轴向的波动变形，其过量变形即引起震害，对管道及管道接口造成破坏。对于这种破坏形式，常采用如下措施。

（1）在管材选择上，应考虑抗震能力强的球墨铸铁管、预应力钢筋混凝土管等。

（2）地下直埋式管道力求采用承插式管道，设置柔性接口，以适应管道线路的变形，消除管道应力集中的现象。

（3）架空管道应设在设防标准高于抗震设防烈度的构筑物上。

（4）提高砌体、混凝土的整体性、抗震性等。

（5）过河倒虹管应尽量采用钢管或安装柔性管道系统。

3. 管道的保温

管道保温的基本原理是在管道内外的温度差较大时，为了保持管内水的温度、减少热损失，在管道的外表面设置隔热层。隔热层由防锈层、保温层、防潮层及保护层组成。其中，保温层是保温结构的主要部分，所用保温材料及保温层厚度应符合设计要求；防潮层是为了防止水蒸气或雨水渗入保温层，保证材料良好的保温效果和使用寿命，常用材料有沥青及沥青油毡、玻璃丝布、聚乙烯薄膜等；保护层保护保温层和防潮层不受机械损伤，增加保温结构的机械强度和防湿能力，常用有一定机械强度的材料制成；同时，在保护层表面应涂刷油漆或识别标志。

4. 管道的质量检查

管道系统施工完成后应进行质量检查。质量检查包括外观检查、管道断面检查、接口严密性检查及其他检查等。外观检查主要是检查管道基础、管材、接口外观、节点组成及位置、附属构筑物形式及位置等。管道断面检查主要检查管道的高程、位置，对于排水管道还应检查其坡度。

对于生活饮用水管道，管内消毒处理完毕后，应进行管内水质检查，包括色、嗅、有害物质、大肠杆菌数等。对于重力流管道，一般采用闭水试验法检查接口的严密性。对于压力流管道，一般采用水压试验法检查接口的严密性，具体分为强度试验（落压试验）、严密性试验（渗水量试验）两种。

10.4　建筑内部管道及设备安装施工

10.4.1　管道施工

1. 管道的加工与连接

在室内给排水管道系统中，常用的管材主要有钢管、铸铁管、铜管、塑料管及复合管等。管材的选择应注意满足管内水压所需的强度，并保证管内水质等要求。

（1）建筑物内部常用的钢管有无缝钢管、焊接钢管、热浸镀锌焊接钢管、钢板卷焊管等。钢管的公称直径常采用 DN 15～450mm。常用的连接方法有焊接、螺纹连接、法兰连接。

（2）建筑物内部采用的铸铁管按其用途可分为给水铸铁管和排水铸铁管。排水铸铁管比给水铸铁管的管壁薄，价格低，常分为普通承插排水铸铁管及柔性抗震承插排水铸铁管。排水铸铁管的公称直径有 DN50mm、DN75mm、DN100mm、DN150mm、DN200mm 五个规格。

（3）建筑给排水用铜管主要是拉制薄壁紫铜管，常用的连接方式有氧气-乙炔气铜焊焊接、承插口钎焊连接、法兰连接、管件螺纹连接等。

（4）室内给排水所用塑料管有：硬聚氯乙烯塑料管（UPVC 管）、聚乙烯塑料管、聚丙烯塑料管、聚丁烯塑料管（PB 管）等。塑料管的连接主要有热熔或热风焊接连接、法兰连接、黏结连接、管件丝接等。连接时应注意不同管材的热膨胀量的影响。

（5）复合管包括钢塑复合管、铝塑复合管、金属管道内衬或喷涂塑料等，兼有金属管和塑料管的优点。连接方法主要有卡箍连接、管件丝接、法兰连接、管件锁母压紧连接等。

2. 建筑内部给水管道施工

（1）室内给排水系统的施工首先为引入管的敷设，应特别注意其位置及埋深满足设计要求；穿越地下室或地下构筑物外墙时，应设刚性防水套管或柔性防水套管。

（2）室内给水管道的敷设。根据建筑对卫生、美观方面的要求，室内管道一般分明装和暗装两种方式。管道安装时若遇到多种管道交叉，应按照小管道让大管道、压力流管道让重力流管道、阀件少的管道让阀件多的管道等原则进行避让；镀锌钢管连接时，对破坏的镀锌层表面及管螺纹露出部分应做防腐处理，塑料管的安装应考虑管道的热膨胀，安装补偿装置；管道穿过墙、梁、板时应加套管，并在土建施工时应预留套管或孔洞等。建筑物内部给水管道安装完毕后并在未隐蔽之前进行管道水压试验。饮用水管道在使用前应进行消毒。消毒后再用饮用水冲洗，并经有关部门取样检验水质合格后，方可交付使用。

（3）消防设施安装。室内消火栓一般采用丝扣连接在消防管道上，并将消火栓装入消防箱内，安装时栓口应朝外。室外消火栓分地上式和地下式安装，其连接方式一般为承插连接或法兰连接。水泵接合器分地上式、地下式和墙壁式三种安装形式，一般采用法兰连接。自动喷水灭火设施管道一般采用螺纹连接或法兰连接等连接方法。管道安装应有一定的坡度坡向立管或泄水装置。消防给水管上的阀门应有明显的启闭显示。

3. 建筑物内部排水管道施工

建筑物内部排水系统的任务是将室内各用水点所产生的生活、生产污水及降落在屋顶的雨、雪水进行收集、汇流集中，排入室外排水管网。

建筑物内部排水管道系统安装的施工顺序一般是先做地下管线，即先安装排出管，然后安装立管和支管或悬吊管，最后安装卫生器具[3]。建筑物内部排水管道及管件多为定型产品，所以在连接前应进行质量检查，实物排列和核实尺寸、坡度，以便准确下料。排水管道安装的坡度大小应符合设计或有关规定的要求，坡度均匀、不产生突变现象。

排出管穿过房屋基础或地下室墙壁时应预留孔洞或防水套管，并做好防水处理。通气管穿出屋面时，应特别注意处理好屋面和管道接触处的防水。雨水斗与屋面连接处也必须做好防水。雨水排出管上不能有其他任何排水管接入。

10.4.2　其他设备附件安装

1. 阀门的安装

阀门的连接方式一般分为法兰连接、螺纹连接。对于蝶阀一般采用法兰对夹连接，连接时应使法兰与阀门对正并平行。安装闸阀、蝶阀、旋塞阀、球阀时不考虑安装方向；而截止阀、止回阀、吸水底阀、减压阀等阀门安装时必须使水流方向与阀门标注方向一致。螺纹连接安装的阀门一般应伴装活接头，法兰连接、对夹连接等安装的阀门宜伴装伸缩接头，以利于阀门的拆、装。阀门安装的位置应符合设计的要求，并应在安装前做强度和严密性试验。

2. 仪表的安装

常用的仪表包括水表、压力表、温度计等。水表应安装在 2℃ 以上的环境中，且便于检修、不被曝晒、不受污染、不致冻结和损坏的地方，还应尽量避免被水淹没。水表的连接方式有螺纹连接（DN≤50mm）、法兰连接（DN≥80mm）。压力表安装时应符合设计要求，安装在便于吹洗和便于观察的地方，并应防止压力表受辐射热、冰冻和震动。温度计安装在检修、观察方便和不受机械损坏的位置，并能正确代表被测介质的温度，避免外界物质或气体对温度标尺部分加热或冷却，安装时应保证温度计的敏感元件处在被测介质的管道中心线上，并应迎着或垂直流束方向。

3. 卫生器具的安装

卫生器具的安装一般应在室内装饰工程之后进行。安装前应检查给水管和排水管的留口位置、留口形式是否正确；检查其他预埋件的位置、尺寸及数量是否符合卫生器具安装要求。

4. 常用设备安装

水工程所采用的设备根据各自的用途大致可分为加压设备、搅拌设备、投药设备、消毒设备、换热设备、过滤设备和曝气设备等[4]。不管哪种设备，在安装前必须按照设计图样或设备安装技术说明书，配合土建施工做好预留孔洞及预埋铁件等工作，以便顺利地进行安装。还必须根据说明书了解设备的技术性能、运输、储存、安装和维护要求，使设备发挥最大效益。

5. 自动控制系统安装

仪表安装水工程常用的探测器和传感器往往都结合组装成取源仪表。常用的取源仪表有流量计、液位计、压力计、温度计、浊度仪、余氯仪等。取源仪表的取源部件安装可与工艺设备制造、工艺管道预制或管道安装同时进行；取源仪表一般安装在测量准确、具有代表性、操作维修方便、不易受机械损伤的位置上。

自动控制设备安装前，应将各元件可能带有的静电用接地金属线放电。安装地点及环境应符合设计或设备技术文件的规定。

参 考 文 献

[1] 张勤, 李俊奇. 水工程施工. 北京: 中国建筑工业出版社, 2005.

[2] 李圭白, 蒋展鹏, 范瑾初. 给水排水科学与工程概论. 北京: 中国建筑工业出版社, 2009.

[3] 邹金龙, 代莹. 室外给排水工程概论. 哈尔滨: 黑龙江大学出版社, 2014.

[4] 李亚峰, 杨辉, 蒋白懿. 给排水科学与工程概论. 北京: 机械工业出版社, 2015.

第11章　给排水工程经济概述

11.1　工程经济概述

11.1.1　工程经济的内涵

工程技术具有两重性，即技术性和经济性。而技术的先进性与经济的合理性之间又存在着一定的矛盾。在当时、当地的条件下采用哪一种技术才合适，显然不是单纯的技术先进与否所能够决定的，还必须通过经济效果的计算和比较才能解决。

工程经济学的研究对象是工程项目的经济性。这里所说的项目是指投入一定资源的计划、规划和方案并可进行分析和评价的独立单位。因此工程项目的含义是很广泛的，它可以是一个拟建中的工厂、车间；也可以是一项技术革新或改造的计划，可以是设备，甚至设备中某一部件的更换方案，也可以是一项巨大的水利枢纽或交通设施[1]。

工程经济是用工程经济学的观点，研究水工程项目的经济性并进行经济评价，包括企业财务评价和国民经济评价，即所谓的微观评价和宏观评价。

11.1.2　工程建设项目概预算

建设项目总投资是指拟建项目从筹建到竣工验收及试车投产的全部费用，简称投资费用或投资总额，有时也简称"投资"，包括建设投资（固定投资）和流动资金两部分。计算总投资的目的是保证项目建设和生产经营活动的正常进行。在建设项目总投资构成中，固定投资是建设项目总投资的主要组成部分[2]。工程建设项目概预算的目的是计算项目建设总投资，保证项目建设和生产经营活动的正常进行。

1. 概预算的意义

概算及预算是控制和确定工程造价的文件，是基本建设各个阶段文件的重要组成部分，也是基本建设经济管理工作的重要组成部分。认真地做好建设项目概算及预算工作，对于合理确定与控制工程造价，保证工程质量，发挥工程效益，节约建设资金及提高企业经营管理水平，具有十分重要的意义。

2. 工程定额

定额是指在一定生产条件下，生产质量合格的单位产品所需要消耗的人工、材料、机械台班和资金的数量标准。因此，计划、设计、施工、生产分配、预结算、统计核算等工作都必须以定额作为尺度来衡量。建筑工程定额是用于所有建筑工程的定额，包括基础定额、工程定额、费用定额、时间消耗定额等，一般分为全国统一定额、专业专用定额、专业通用定额、地方统一定额等。

3. 预算费用

建筑安装工程施工图预算造价一般由直接费、间接费、计划利润、税金及定额管理费等组成。

1）直接费

直接费是指直接用于建筑安装工程上的有关费用，它是由人工费、材料费、施工机械使用费和其他直接费组成，有时还包括临时设施费、现场管理费。

2）间接费

间接费指不是直接消耗于工程修建，而是为了保证工程施工正常进行所需要的费用。主要包括施工管理费、其他间接费（如临时设施费、劳动保险费、施工队伍调遣费等）。

3）计划利润

计划利润指施工企业应获得的利润，用于企业扩大再生产等的需要。

4）其他费用

其他费用包括施工图预算包干费、定额管理费、材料价差调整费、税金，还有特殊环境（如高原、高寒地区，有害身体健康的环境等）施工增加费、安装与生产同时进行的降效增加费等。

4. 概算费用

概算是确定建设项目工程建设费用的文件。按照概算范围分为总概算、单项工程综合概算及单位工程概算。总概算费用由工程费用、工程建设其他费用、预备费组成。

1）第一部分费用——工程费用

工程费用由建筑工程费、安装工程费、设备购置费、工器具购置费等组成，或由各个单项工程概算组成。

2）第二部分费用——工程建设其他费用

工程建设其他费用是指根据有关规定，应在基本建设投资中支付并列入建筑项目总概算或单项工程综合概算的费用，包括建设场地准备费、建设单位管理费、研究试验费、生产职工培训费、办公和生活家具购置费、联合试运转费、勘察设计费、供电贴费、施工机构迁移费、引进技术和进口设备项目的费用等。

3）第三部分费用——预备费

预备费包括基本预备费、涨价预备费。基本预备费指难以预料的工程费用；涨价预备费指防止物价上涨造成建设费用不足而预备的费用。

5. 工程概预算文件

1）投资估算书

投资估算一般是由建设单位向国家或主管部门申请基本建设投资而编制的。投资估算书是建设项目可行性研究报告的重要组成部分，也是国家审批确定建设项目投资计划的重要文件。它的编制依据主要是：拟建项目内容及项目工程量估计资料，估算指标、概算指标、综合经济指标、万元实物指标、投资估算指标、估算手册及费用定额资料，或类似工程的预算资料等。

2）设计概算书

设计概算书是设计文件的重要部分，是确定建设项目投资的重要文件。设计概算书是在设计阶段根据初步设计或扩大初步设计图纸、设计说明书、概算定额、经济指标、费用定额等资料进行编制的。

3）施工图预算书

施工图预算书是计算单位工程或分部分项工程的工程费用文件。施工图预算书编制是根据施工图纸、预算定额、地区材料预算价格、费用定额、施工及验收规范、标准图集、施工组织设计或施工方案等进行编制的。

4）施工预算书

施工预算书是施工企业确定单位工程或分部分项工程人工、材料、施工机械台班消耗数量和直接费标准的文件，主要包括工程量汇总表、材料及加工件计划表、劳动力计划表、施工机械台班计划表、"两算"对比表等内容。

5）竣工结算书

施工单位在工程竣工时，应向建设单位提供有关技术资料、竣工图，办理交工验收。此时应同时编制工程竣工结算书，办理财务结算。工程竣工结算书是建设工程项目或单位工程竣工验收后，根据施工过程中实际发生的设计变更、材料代用、经济签证等情况对原施工图预算进行修改后，最后确定的工程实际造价文件。

11.1.3　工程建设项目的经济分析

在水工程经济分析中，产量、价格、成本、收入、支出、残值、寿命、投资等参数都是随机变量，有些甚至是不可预测的，其估计值与未来实际有相当大的出入，这就产生了不确定性和风险。水工程经济分析中用于工程项目经济分析和评价的数据多数来自预测和估算。由于缺乏足够的信息，对有关因素和未来情况无法做出精确无误的预测，或者是因为没有全面考虑所有可能的情况，因此项目实施后的实际情况难免与预测情况有所差异，这种差异有可能会给工程项目带来损失，也就是风险。换句话说，立足于预测和估算进行的项目经济分析和评价的结果有不确定性。为了尽量避免投资决策失误，有必要进行不确定性分析和风险分析。

当不确定性的结果可以用概率加以表述和分析时，称为风险分析；而不能用概率表述和分析时，称为不确定性分析。不确定性分析方法主要包括盈亏平衡分析和敏感性分析。风险分析涉及风险识别、风险估计、风险决策和风险应对，其分析方法主要是概率分析[3]。

1. 盈亏平衡分析

盈亏平衡分析是在一定的市场、生产能力的条件下，研究成本与收益的平衡关系的方法。对于一个项目而言，盈利与亏损之间一般至少有一个转折点，这种转折点称为盈亏平衡点（break even point，BEP），在这点上，销售收入与生产支出相等，对于所分析的项目方案来说，既不亏损也不盈利。盈亏平衡分析就是要找出项目方案的盈亏平衡点。一般来说，盈亏平衡点越低，项目实施所评价方案盈利的可能性就越大，造成亏损的可能性就越小，对某些不确定因素变化所带来的风险的承受能力就越强。

2. 敏感性分析

敏感性分析研究建设项目主要因素发生变化时，项目经济效益发生的相应变化，以判断这些因素对项目经济目标的影响程度，这些可能发生变化的因素称为不确定性因素。敏感性分析就是要找出项目的敏感因素，并确定其敏感程度，以预测项目承担的风险。

3. 概率分析

概率分析是通过研究各种不确定性因素发生不同幅度变化的概率分布及其对方案经济效果的影响，对方案的净现金流量及经济效果指标做出某种概率描述，从而对方案的风险情况做出比较准确的判断。例如，可以用经济效果指标 NPV≥0、NPV≤0 发生的概率来度量项目将承担的风险。

11.2　水工程建设项目的设计程序

大中型水工程建设项目通常有四道设计程序，属于前期的有项目建议书和可行性研究报告，属于设计的有初步设计和施工图设计。中小型工程可以免去项目建议书；小型或零星改造项目还可以在设计方案或原则确定后即进行施工图设计（免去初步设计阶段）；对于技术复杂而又缺乏设计经验的项目，经主管部门指定，在初步设计阶段后，还可增加技术设计阶段。

11.2.1　项目设计的主要内容

1. 项目建议书主要内容

水工程建设项目的项目建议书主要包括建设项目提出的必要性和依据；拟建规模、水质和建设地点的初步设想；水源情况、建设条件、协作关系的初步分析；投资估算和资金筹措设想；项目的进度安排；经济效果和社会效益的初步估计。

按照批准的项目建议书，即可组织可行性研究。可行性研究着重分析项目在技术、工程、经济和外部条件方面是否合理可行，经多方案论证和比较后，选择最佳方案。

2. 可行性研究报告主要内容

水工程建设项目的可行性研究报告主要包括根据城镇和工业企业的现状与发展规划提出项目建设规模（如为扩建工程，还要说明对原有供排水设施的利用情况，论述项目建设的必要性和合理可行性）；水资源、供水水质、电源落实情况；给排水系统的方案比较；主要工艺流程和主要生产构筑物的选择及其相应的技术经济指标；水厂布置和土建工程量估算；环境保护、抗震、防洪、人防等要求和采取的相应措施；企业组织、劳动定员和人员培训设想；建设工期和实施进度；投资估算和资金筹措；经济效果和社会效益。

3. 初步设计主要内容

水工程建设项目的初步设计是根据批准的可研报告提出具体实施方案，其编制深度应满足项目投资包干、材料及设备订货、土地征用和施工准备等要求。

初步设计主要包括设计说明书、工程概算书、主要材料设备表、设计图纸四部分。其中设计说明书应有概述、工程设计、人员编制、经营管理、对下阶段的设计要求等章节；设计图纸应包括总体布置图，枢纽工程布置图，主要管渠断面图，主要构筑物工艺图，供电系统和主要变、配电设备布置图，自动控制仪表布置图等有关图纸。

4. 施工图设计主要内容

水工程建设项目的施工图设计应按批准的初步设计进行，其深度应满足施工安装要求。施工图设计的内容包括设计说明书、施工图纸、必要时的修正概算或施工图预算。

初步设计和施工图设计的具体内容和深度可按国家《设计文件的编制和审批办法》的规定执行。

11.2.2　项目建设总投资

按照我国的基本建设程序，在项目建议书及可行性研究阶段，对建设工程项目投资所做的测算称为"投资估算"；在初步设计、技术设计阶段，对建设工程项目投资所做的测算称为"设计概算"；在施工图设计阶段，称为"施工图预算"；在投标阶段，称为"投标报价"；承包人与发包人签订合同时形成的价格称为"合同价"；工程竣工验收后，承包人与发包人结算工程价款时形成的价格称为"竣工结算价"；审计部门审计后，实际的工程全部费用为"竣工决算价"，即工程总投资。

1. 总投资的组成

建设工程项目总投资一般是指进行某项工程建设花费的全部费用。生产性建设工程项目总投资包括建设投资和铺底流动资金两部分；非生产性建设工程项目总投资则只包括建设投资。工程造价一般是指一项工程预计开支或实际开支的全部固定资产投资费用，在这个意义上工程造价与建设投资的概念是一致的。因此，在讨论建设投资时，经常使用工程造价这个概念。

建设投资由设备及工器具购置费、建筑安装工程费、工程建设其他费用、预备费（包括基本预备费和涨价预备费）和建设期利息组成。

设备及工器具购置费是指建设单位（或其委托单位）按照建设工程设计文件要求，购置或自制达到固定资产标准的设备和新、扩建项目配置的首套工器具及生产家具所需的费用。设备及工器具购置费由设备原价、工器具原价和运杂费（包括设备成套公司服务费）组成。

建筑安装工程费是指建设单位用于建筑和安装工程方面的投资，它由建筑工程费和安装工程费两部分组成。建筑工程费是指建设工程涉及范围内的建筑物，构筑物，场地平整，道路、室外管道铺设，大型土石方工程费用等。安装工程费是指主要生产、辅助生产、公用工程等单项工程中需要安装的机械设备、电气设备、专用设备、仪器仪表等设备的安装及配件工程费，以及工艺、供热、供水等各种管道、配件、闸门和供电外线安装工程费用等。

工程建设其他费用是指未纳入以上两项的，根据设计文件要求和国家有关规定应由项目投资支付的，为保证工程建设顺利完成和交付使用后能够正常发挥效用而产生的一些费用。工程建设其他费用可分为三类：第一类是土地使用费，包括土地征用及迁移补偿费和土地使用权出让金；第二类是与项目建设有关的费用，包括建设管理费、勘察设计费、研究试验费等；第三类是与未来企业生产经营有关的费用，包括联合试运转费、生产准备费、办公和生活家具购置费等。

预备费包括基本预备费和涨价预备费。基本预备费指工程建设中不可预见费用，是项目实施过程中可能发生的难以预料的支出，依赖于工程建设自身。涨价预备费指因价格变动产生的不可预见费，对于建设工期长的项目，主要是为工程建设期内可能发生的人工、材料、利率等调整而事先预留的费用。

建设期利息是指项目在建设期内因使用债务资金而支付的利息以及其他融资费用。

铺底流动资金是指生产性建设工程项目为保证生产和经营正常进行，按规定应列入建设工程项目总投资的铺底流动资金，一般按流动资金的30%计算。

建设投资可以分为静态投资部分和动态投资部分。静态投资部分由建筑安装工程费、设备及工器具购置费、工程建设其他费和基本预备费构成。动态投资部分是指在建设期内，因建设期利息和国家新批准的税费、汇率、利率变动及建设期价格变动引起的建设投资增加额，包括涨价预备费、建设期利息等。

水工程建设项目总投资组成如表 11-1 所示。

表 11-1　水工程建设项目总投资组成

分类				费用项目名称
建设工程项目总投资	建设投资	工程费用		设备及工器具购置费
				建设安装工程费
		工程建设其他费用	第一类	土地使用费
			第二类	建设管理费
				可行性研究费
				研究试验费
				勘察设计费
				环境影响评价费
				劳动安全卫生评价费
				场地准备及临时设施费
				引进技术和进口设备其他费
				工程保险费
				特殊设备安全监督检验费
				市政公用设施建设及绿化补偿费
			第三类	联合试运转费
				生产准备费
				办公和生活家具购置费
	预备费			基本预备费
				涨价预备费
	建设期利息			
	流动资产投资——铺底流动资金			

2. 我国建设工程项目计价改革

中华人民共和国成立后，我国工程计价采用定额计价，以定额为依据通过汇总计算得到定额直接费，再按统一的费用定额形成工程造价。定额是由各地造价管理站制定的，与计划经济相适应，具有统一性、综合性、指令性及人工、材料、机械价格的静态性。以此为依据通过汇总计算得到定额直接费，再按统一的费用定额形成工程造价。这个造价基本上属于社会平均价格，没有把企业的技术水平及施工工艺水平综合进去，事实上是政府定价。

随着改革开放和社会主义市场经济体制的形成与发展，逐步形成投资主体多元化、投资渠道多样化的格局，政府在固定资产中的投资比重逐年减少，构成工程造价的各种生产要素价格不再是长期稳定的，而是随行就市不断变化的，传统的概预算定额遏制了竞争，抑制了生产者和经营者的积极性与创造性，要求实行与之相适应的全新的工程计价机制。

2003 年 2 月 17 日建设部颁布了《建设工程工程量清单计价规范》(GB 50500—2003)，这是一种市场定价模式。随后，各省（市、区）组织各方面的专家学者相继编制了各地工程量清单计价规则及其配套的建筑、装饰、安装、市政、园林绿化工程消耗定额，在各地范围内全面使用。

具体的改革体现在下列三个方面。

（1）在工程招投标阶段淡化了标底的作用。定额作为指导性依据不再是指令性标准，标底仅起参考作用。而且由于实现了量、价分离，在工程计价中，"标底审查"这一环节可以被取消，有人甚至认为可以不设标底，避免了泄露和探听标底等不良现象的发生，从程序上规范了招标运作和建筑市场秩序。

（2）对招标人和投标人计价中的市场风险作了明确分担。招标人确定量，承担工程误差的风险；投标人确定价，承担价的风险。

（3）统一了计算口径，有利于公开、公正、公平竞争，优胜劣汰的市场竞争机制进一步完善。所有投标单位均在统一量的基础上，结合工程具体情况和企业实力，并充分考虑各种市场风险因素，自主进行报价，是企业综合实力和管理水平的真正较量，这样必将有效、切实地降低工程造价。

11.2.3　工程量清单计价基本知识

1. 工程量清单的概念

工程量清单是具有编制招标文件能力的建设单位或受其委托具有相应资质的咨询机构、招标代理机构，依据 2013 年 4 月 1 日开始施行的《建设工程工程量清单计价规范》（GB 50500—2013）及施工图和招标文件的有关要求，按照统一项目编码、项目名称、计量单位、工程量计算规则的原则，结合施工现场实际情况，编制的分部分项工程项目、措施项目、其他项目名称和相应数量的明细清单，包括分部分项工程量清单、措施项目清单、其他项目清单。

2. 工程量清单的作用

1）工程量清单为投标人的投标竞争提供了一个平等和共同的基础

工程量清单是由招标人负责编制，将要求投标人完成的工程项目及其相应工程实体数量全部列出，为投标人提供拟建工程的基本内容、实体数量和质量要求等的基础信息。这样在建设工程的招标投标中，投标人的竞争活动就有了一个共同的基础，投标人机会均等，受到的待遇是公正和公平的。

2）工程量清单是建设工程计价的依据

在招投标过程中，招标人根据工程量清单编制招标工程的招标控制价；投标人按照工程量清单所表述的内容，依据企业定额计算投标价格，自主填报工程量清单所列项目的单价与合价。

3）工程量清单是工程付款和结算的依据

在施工阶段，发包人根据承包人完成的工程量清单中规定的内容及合同单价支付工程款。工程结算时，承发包双方按照工程量清单计价表中的序号对已实施的分部分项工程或计价项目，按合同单价和相关合同条款核算结算价款。

4）工程量清单是调整工程价款、处理工程索赔的依据

当发生工程变更和工程索赔时，可以选用或者参照工程量清单中的分部分项工程或计价项目及合同单价来确定变更价款和索赔费用。

3．工程数量的计算

工程数量的计算应依据工程量计算规则和设计文件进行。工程量计算规则是指对清单项目工程量的计算规定。除另有说明外，所有清单项目的工程量应以实体工程量为准，投标人投标报价时，应在综合单价中考虑因施工中的各种损耗而增加的工程量。

工程量的计算规则按主要专业划分，包括建筑工程、装饰装修工程、安装工程、市政工程和园林绿化工程五个专业部分。

4．工程量清单的内容

工程量清单是招标文件不可分割的重要组成部分，其主要内容有工程清单封面、填表须知、工程量清单总说明、分部分期工程量清单、措施项目清单、其他项目清单、零星工作项目表及主要材料价格表。除此以外，招标人可根据具体情况进行补充。

参 考 文 献

[1] 刘晓君. 工程经济学. 北京: 中国建筑工业出版社, 2015.
[2] 张勤, 张建高. 水工程经济. 北京: 中国建筑工业出版社, 2002.
[3] 李圭白, 蒋展鹏, 范瑾初. 给水排水科学与工程概论. 北京: 中国建筑工业出版社, 2009.

阅读材料

水工程项目经济评价案例分析

1. 概述

本项目为某地供水工程，近期供水规模为 2 万 m^3/d。工程主要内容包括净水厂扩建、水源地深井泵房（2 座为新建，8 座为更换深井泵）、输水管线 3.806km、配水管网 33.493km。其中水厂工程内容包括，新建水处理设施间 1 座，加药间 1 座，消毒间增加设备、送水泵房增加设备、清水池两座（1100m^3）、电气设备、自控仪表设备及总平面等。

2. 投资估算

本工程总投资 7632.67 万元，其中建设投资 7602.25 万元，铺底流动资金 30.42 万元。

3. 基础数据

1）生产规模

该工程新增供水规模为 2 万 m^3/d，全年运转 365 天，设计年供水量 730 万 m^3。

2）实施进度

为简化计算，项目按建设期两年考虑，投产后第一年达到 80% 设计生产能力，第二年达到 90% 设计生产能力，第三年达到 100% 设计生产能力。运营期 22 年，总计算期 24 年。

3）总投资估算

（1）建设投资估算。本项目建设投资为 7602.25 万元，其中工程费用 6237.91 万元，工程建设其他费用 801.21 万元，预备费 563.13 万元。

（2）无形资产及其他资产估算。工程建设其他费用 801.21 万元，其中征地费按无形资产进行摊销。生产准备费按其他资产进行摊销。

（3）流动资金估算。根据国家规定，项目流动资金的 30% 应由企业自筹，作为铺底流动资金，计入总投资，其余 70% 可向银行贷款，本项目流动资金按照详细估算法计算，共计 101.41 万元，其中铺底流动资金为 30.42 万元。

（4）项目总投资。总投资＝建设投资＋建设期利息＋铺底流动资金＝7602.25+30.42=7632.67万元。

4）资金来源与使用计划

项目总投资7632.67万元，其中：申请国家投资5321.58万元，约占总投资的70%。其余2311.09万元自筹解决，约占总投资的30%。

4. 财务分析

1）制水成本计算

（1）外购原材料、燃料动力费。本工程年耗次氯酸钠7.3t，单价3000元/t，年费用2.19万元；年耗电量314万kW·h，单价0.72元/(kW·h)，年电费226.08万元。

（2）工资及福利费。本工程设计新增人员29人，工资福利费按平均每人2.4万元计算。年工资福利费69.60万元。

（3）固定资产基本折旧费。折旧费按固定资产原值的4.40%计算，采用平均年限法，折旧年限22年，年折旧额296.65万元，净残值率4%，净残值889.94万元。固定资产原值为建设投资中的工程费用、预备费及建设期利息之和。本项目固定资产原值为7416.20万元。

（4）大修理基金提存。大修理费按固定资产原值的2.0%计提，年提存148.32万元。

（5）无形资产及其他资产摊销费。无形资产及其他资产按工程建设其他费用中的征地费及生产准备费计算，摊销率10%，按10年摊销，年摊销额18.60万元。

（6）其他费用。本费用包括管理和销售部门的办公费、取暖费、差旅费等其他不属于以上项目的支出，为简化计算按前6项费用总和的10%计算，年支出47.34万元。

（7）利息支出。流动资金借款额为流动资金的70%，利率4.35%，年支付流动资金利息3.09万元。

（8）总成本费用。本项目年总成本820.52万元，其中固定成本514.57万元，可变成本305.95万元。

（9）经营成本费用。经营成本是指从总成本中扣除折旧费、摊销费和利息支出后的成本费用。项目年经营成本520.79万元。

（10）单位处理水量成本。单位水量总成本=1.12 元/m³，单位水量经营成本=0.71 元/m³。

2）水价和销售税金及附加、增值税的估算

本项目收费价格按年成本法测算，经理论测算项目收费价格为 2.0 元/m³时，可保证生产正常运行和达到行业基准收益率标准，全年可实现收入 1460 万元。本项目为公用事业项目，只计取增值税、城市建设维护税、教育费附加，增值税按收入的 6%计取，城市建设维护税、教育费附加分别按营业税的 5%和 3%计取。年缴纳增值税、城市建设维护税及教育费附加 89.25 万元。

3）财务盈利能力分析

项目投产后达 100%处理能力时，每年收入 1460 万元，年平均利润总额 531.62 万元，按国家规定 25%的所得税税率计算，年平均上缴所得税 132.91 万元。盈余公积金按税后利润的 10%提取，计算期内共提取盈余公积金 869.43 万元。

根据现金流量表、利润与利润分配表的计算，各指标结果如表 11-2 所示。

表 11-2　财务盈利能力分析计算结果

序号	指标名称	指标数值	行业基准数值
1	财务内部收益率（税后）	6.92%	≥6%
2	财务内部收益率（税前）	8.77%	≥6%
3	财务净现值（税后）	646.46 万元	>0
4	财务净现值（税前）	2031.12 万元	>0
5	投资回收期（含建设期）	13.1 年	≤15 年
6	投资回收期（不含建设期）	11.4 年	≤15 年
7	总投资收益率	6.88%	>2.5%
8	项目资本金净利润率	17.10%	>2.5%

由计算结果看出，财务内部收益率大于行业基准收益率，说明盈利能力满足了行业最低要求；财务净现值大于零，项目的总投资收益率和项目资本金净利润率均大于行业平均水平，说明该项目在财务上是可行的。